Série A, N° 402.
N° d'ordre
1975.

# THÈSES

PRÉSENTÉES

## A LA FACULTÉ DES SCIENCES DE PARIS

POUR OBTENIR

LE GRADE DE DOCTEUR ÈS SCIENCES PHYSIQUES

PAR

## M. Georges FAVREL

Agrégé, chargé de cours à l'École supérieure de Pharmacie
de Nancy

---

1re THÈSE. — CONTRIBUTION A L'ÉTUDE DE QUELQUES HYDRAZONES.

2e THÈSE. — PROPOSITIONS DONNÉES PAR LA FACULTÉ.

---

Soutenues le     novembre 1901, devant la Commission d'Examen

---

MM. PELLAT, *Président*.
HALLER,   } *Examinateurs*,
MOISSAN,  }

---

## NANCY
### IMPRIMERIE NANCÉIENNE
15, Rue de la Pépinière, 15.

---

1901

# THÈSES

PRÉSENTÉES

## A LA FACULTÉ DES SCIENCES DE PARIS

POUR OBTENIR

### LE GRADE DE DOCTEUR ÈS SCIENCES PHYSIQUES

PAR

## M. Georges FAVREL

Agrégé, chargé de Cours à l'École supérieure de Pharmacie
de Nancy

---

1<sup>re</sup> THÈSE. — CONTRIBUTION A L'ÉTUDE DE QUELQUES HYDRAZONES.
2<sup>e</sup> THÈSE. — PROPOSITIONS DONNÉES PAR LA FACULTÉ.

---

Soutenues le    novembre 1901, devant la Commission d'Examen

MM. PELLAT, *Président.*
HALLER,   *Examinateurs.*
MOISSAN.

---

NANCY
IMPRIMERIE NANCÉIENNE
45, Rue de la Pépinière, 45

1901

# A MONSIEUR LE PROFESSEUR HALLER

MEMBRE DE L'INSTITUT

OFFICIER DE LA LÉGION D'HONNEUR

*Hommage de profonde reconnaissance*

# PREMIÈRE THÈSE

# CONTRIBUTION

A

# L'ÉTUDE DE QUELQUES HYDRAZONES

## INTRODUCTION

Depuis quelques années, l'action des chlorures diazoïques sur les corps désignés par M. Haller, sous le nom d'acides méthéniques, a été l'objet de travaux importants.

Par contre, l'étude de l'action des chlorures tétrazoïques sur ces mêmes éthers, a été à peine ébauchée.

La constitution des corps obtenus dans ces réactions n'a pas toujours pu être établie avec certitude et, tandis que certains auteurs les regardent comme des hydrazones, d'autres les considèrent encore comme des azoïques mixtes.

Tel est le cas des dérivés obtenus par l'action des chlorures diazoïques sur les éthers cyanacétiques, qui ont été cependant l'objet de plusieurs mémoires.

Sur les conseils de M. Haller, j'ai repris l'étude de ces derniers corps et cherché à m'assurer si la réaction des éthers cyanacétiques sur les chlorures diazoïques pouvait s'étendre aux chlorures tétrazoïques.

Pour obtenir ensuite des renseignements sur la constitution des dérivés obtenus, j'ai recherché comment les dérivés de substitution de ces mêmes éthers se comportaient vis-à-vis des chlorures diazoïques et tétrazoïques.

Les résultats obtenus dans ce premier travail m'ont engagé à tenter des réactions semblables avec les éthers maloniques, l'acétylacétone, ainsi qu'avec leurs dérivés de substitution.

Ce travail comprendra donc trois parties :

1° Action des éthers cyanacétiques et de leurs dérivés de substitution sur les chlorures diazoïques et tétrazoïques ;

2° Action des éthers maloniques et de leurs dérivés de substitution sur les chlorures diazoïques et tétrazoïques ;

3° Action de l'acétylacétone et de ses dérivés de substitution sur les chlorures diazoïques et tétrazoïques.

Quelques conclusions termineront enfin ce travail.

Je suis heureux de pouvoir exprimer ici ma plus vive reconnaissance à M. Haller, qui a bien voulu me guider au milieu des difficultés de ce travail, avec une bienveillance qui n'a d'égale que sa haute science.

# PREMIÈRE PARTIE

## Action des éthers cyanacétiques et de leurs dérivés de substitution sur les chlorures diazoïques et tétrazoïques.

Les premiers travaux relatifs à l'action des chlorures diazoïques sur les éthers cyanacétiques sont dus à M. Haller (1).

Dans une communication à l'Académie des sciences, l'auteur annonce qu'en faisant réagir les cyanacétates de méthyle et d'éthyle sodés sur les chlorures de diazobenzène, de diazoparatoluène, il a obtenu des corps dont la production peut s'expliquer par l'équation suivante :

$$C^6H^5Az{=}Az{-}Cl + CH{-}Na\!\!\begin{array}{c} CAz \\[4pt] CO^2C^2H^5 \end{array} \; = \; NaCl + C^6H^5Az{=}Az{-}CH\!\!\begin{array}{c} CAz \\[4pt] CO^2C^2H^5 \end{array}$$

M. Haller fait remarquer que ces produits se dissolvent dans les solutions alcalines de potasse, de soude, de carbonates des mêmes bases et que cette propriété les rapproche des composés azoïques.

Peu de temps après, Krukeberg publiait de son côté le résultat des travaux qu'il avait entrepris sur le même sujet.

Dans son mémoire, Krukeberg (2) annonce que les corps décrits par M. Haller et par lui-même existent sous deux modifications isomériques, qu'il désigne par $\alpha$ et $\beta$.

---

(1) Haller, *C. R. Ac. Sc.*, t. CVI, p. 1171, ann. 1888.
(2) Krukeberg, *J. f. prakt. Chem.*, t. XLVII, p. 391, ann. 1893.

L'éther α s'obtient en ajoutant un excès d'acide chlorhydrique à la solution alcaline de l'éther.

Le deuxième isomère β s'obtient en traitant la dissolution alcaline de l'éther par un courant de gaz carbonique.

L'auteur montre encore qu'on obtient l'éther β en chauffant le corps α à une température de 130°, ou bien en saturant incomplètement la dissolution alcaline de ces éthers par de l'acide acétique en présence d'acétate de soude. Il fait de plus remarquer que les deux isomères diffèrent par la solubilité dans un même dissolvant, par la forme cristalline, mais qu'aucun d'eux n'est doué du pouvoir rotatoire.

Dans une nouvelle note, MM. Haller et Brancovici [1] font voir que les observations de Krukeberg confirment leurs propres résultats. Ils ont, en effet, constaté qu'en faisant subir aux éthers α des cristallisations répétées dans l'alcool, à froid ou à chaud, on peut obtenir des produits à point de fusion variable avec le nombre des cristallisations et présentant toujours la composition centésimale du produit primitif. On finit alors par accumuler par un nombre suffisant de cristallisations l'éther β dans l'alcool et arriver même à une transformation totale.

Les auteurs regardent les variétés α et β comme des isomères stéréochimiques.

Si on les envisage comme des azoïques, les éthers auront pour formules :

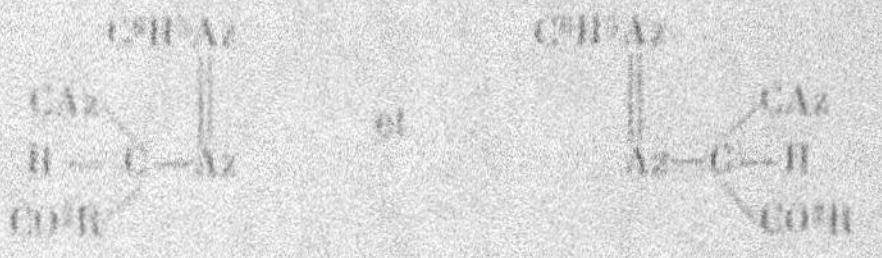

$$
\begin{array}{ccc}
& C^2H^5Az & \\
CAz & \parallel & \\
H-C-Az & & \\
CO^2R & &
\end{array}
\qquad et \qquad
\begin{array}{ccc}
& C^2H^5Az & \\
& \parallel & CAz \\
& Az-C-H & \\
& & CO^2R
\end{array}
$$

Si on les considère comme des hydrazones, les formules de constitution de ces éthers seront :

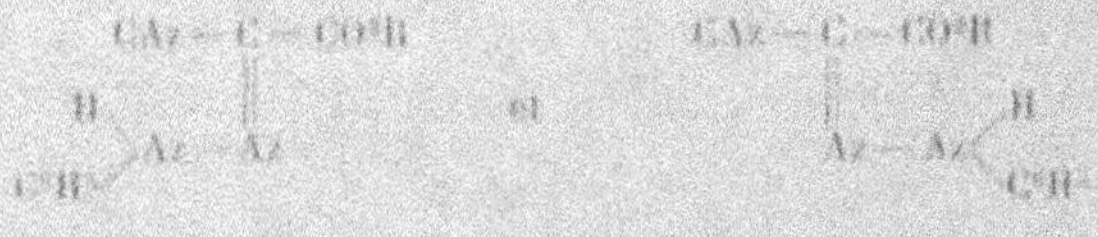

$$
\begin{array}{c}
CAz-C-CO^2R \\
H \\
\diagdown Az-Az \\
C^2H^5
\end{array}
\qquad et \qquad
\begin{array}{c}
CAz-C-CO^2R \\
H \\
Az-Az \diagup \\
C^2H^5
\end{array}
$$

<hr>

[1] Haller et Brancovici, C. R. de Sc., t. CXVI, p. 714, août 1893.

Krukeberg se range à cette dernière opinion et désigne tous
les corps qu'il décrit sous le nom d'hydrazones, d'accord en cela
avec MM. Victor Meyer, Pechman, Bamberger et Welvright qui
pensent que les dérivés azoïques de la forme $RAz—Az—C\langle{R \atop R}—H$
n'existent pas et qu'on doit les considérer comme subissant une
transposition moléculaire qui les fait passer à l'état d'hydrazones.

MM. Haller et Brancovici ont essayé de décider entre les deux
formules de la manière suivante :

1° En faisant agir, dans différentes conditions, la nitroso-
méthylaniline sur l'éther cyanacétique ou sur son dérivé sodé,
dans le but d'obtenir la méthylhydrazone de l'éther cyanoxa-
lique, corps qui aurait dû être identique avec celui décrit par
M. Haller, sous le nom de méthylbenzène-azocyanacétate d'é-
thyle ;

2° En faisant réagir l'acide cyanhydrique sur le benzène-azocyanacétate d'éthyle, dans le but d'obtenir une combinaison de
ces deux corps, réaction présentée par les hydrazones.

Ces deux essais ayant été infructueux, la question relative à
la constitution de ces éthers n'était pas élucidée.

Depuis, d'autres travaux ont été effectués sur le même sujet
par Uhlmann (1), ils ont trait à l'action des chlorures diazoïques
nitrés sur l'éther cyanacétique. Comme les auteurs précédents,
Uhlmann trouva deux isomères pour chacun des corps obtenus
et tenta d'éclaircir leur constitution en faisant agir l'acide
chlorhydrique étendu d'eau, à la température de 120° à 130°,
sur le dérivé éthylé du métanitrobenzène-azocyanacétate d'é-
thyle. Il obtint, de cette façon, des cristaux présentant un point
de fusion très voisin de celui de l'éthylmétanitroaniline.

Il en conclut que dans l'éthylmétanitrobenzène-azocyanacé-
tate d'éthyle, le groupe éthyle est fixé à l'azote et que par suite
ce corps est une hydrazone. L'auteur n'ayant pas analysé les

---

(1) Uhlmann, J. f. prakt. Chem., N. Bd, p. 317, ann. 1895.

cristaux obtenus, cette conclusion ne peut être acceptée sans réserves.

Plus tard, Marquart (1) a étudié l'action de l'éther cyanacétique sur quelques autres chlorures diazoïques, tels que ceux correspondant aux anilines bromées, aux acides amidobenzoïques ortho, méta et para, aux amidophénols, ortho, méta et para, etc.

Enfin, sur les conseils de M. Haller, j'ai repris l'étude de cette question et montré (2) que les cyanacétates de propyle, d'isobutyle et d'isoamyle réagissaient sur les chlorures diazoïques comme leurs homologues inférieurs.

Plus récemment, Weisbach (3) a repris l'étude du benzène-azocyanacétate d'éthyle et de son dérivé acétylé.

L'auteur signale l'existence d'un troisième isomère du benzène-azocyanacétate d'éthyle, et le considère comme étant un azoïque mixte. Le point de fusion : 84, du corps signalé par Weisbach est si rapproché de celui du benzène-azocyanacétate d'éthyle β, que son existence ne paraît pas démontrée d'une façon certaine.

Tel était l'état de la question au moment où j'ai commencé l'étude de l'action des chlorures tétrazoïques sur les éthers cyanacétiques. Dans une première note, j'ai montré (4) que cette action engendrait des corps ayant sensiblement les mêmes propriétés que les produits étudiés par les auteurs précédemment cités.

Ils sont en effet solubles dans les solutions aqueuses de soude, de potasse, mais je n'ai pu isoler deux isomères que dans le cas du ditolyldihydrazone-cyanacétate d'éthyle. Ces corps sont susceptibles de fournir des dérivés disodés.

Deux ans après, W. Lax (5), dans un travail étendu, a étudié

(1) Marquart, J. f. prakt. Chem., t. LII, p. 196, ann. 1895.
(2) Favrel, C. R. Ac. Sc., t. CXXII, p. 544, ann. 1896.
(3) Weisbach, J. f. prakt. Chem., t. LVII, p. 396, ann. 1898.
(4) Favrel, C. R. Ac. Sc., t. CXXVII, p. 116, ann. 1898.
(5) W. Lax, J. f. prakt. Chem., t. LXIII, p. 1, ann. 1901.

de nouveau les corps résultant de l'action des chlorures tétrazoïques sur l'éther cyanacétique et a décrit :

Le diphényldihydrazone-cyanacétate d'éthyle ;

Le ditolyldihydrazone-cyanacétate d'éthyle ;

Le dianisyldihydrazone-cyanacétate d'éthyle.

L'auteur indique pour chacun de ces corps une modification $\alpha$
et une modification $\beta$.

En comparant mes résultats à ceux obtenus plus tard par W.
Lax, on voit que les corps que j'ai décrit dans ma première note
sur ce sujet sont les éthers $\beta$ de W. Lax. Il convient cependant
d'ajouter que pour le ditolyldihydrazone-cyanacétate d'éthyle
j'ai signalé également la forme $\alpha$.

Presque en même temps que paraissait ce mémoire, je venais
d'obtenir les formes instables ou éthers $\alpha$ de W. Lax, par une
voie bien différente et consistant à faire agir le chlorure de benzoyle ou l'anhydride acétique à froid sur la solution des dérivés
disodés.

Enfin, pour être complet, il convient d'ajouter que W. Lax
n'a pu obtenir de dérivés de substitution des dihydrazones qu'il
a décrites et qu'il mentionne l'existence d'un dérivé tétrasodé,
résultant de la saponification du diphényldihydrazone-cyanacétate d'éthyle.

## Action des éthers cyanacétiques sur les chlorures tétrazoïques.

### Diphényldihydrazone-cyanacétate d'éthyle.

Diphényldihydrazone, 2 ; propane nitrile, 1, oate d'éthyle, 3.

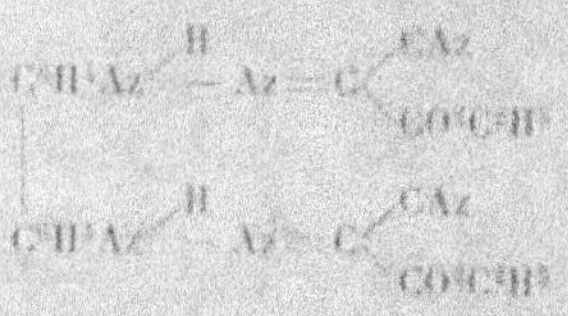

$$C^6H^4Az \quad - Az = C \overset{H}{\underset{CO^2C^2H^5}{\diagup}} \overset{CAz}{\diagdown}$$

$$C^6H^4Az \quad - Az = C \overset{H}{\underset{CO^2C^2H^5}{\diagup}} \overset{CAz}{\diagdown}$$

9 gr. 20 de benzidine sont dissous dans un mélange de 25 centimètres cubes d'acide chlorhydrique et 500 centimètres cubes d'eau distillée. Après dissolution, le liquide est additionné de glace puis, peu à peu, de 400 centimètres cubes de solution normale de nitrite de soude. Dans la solution de chlorure de tétrazodiphényle obtenue on verse alors 11 gr. 3 de cyanacétate d'éthyle et ensuite de la soude étendue. L'addition de cette dernière provoque d'abord la formation d'un précipité jaune clair, qu'un excès d'alcali redissout en produisant un liquide rouge foncé. On ajoute alors un excès d'acide chlorhydrique dilué.

Le précipité jaune obtenu, lavé et séché, se présente comme une poudre jaune insoluble dans tous les dissolvants usuels, soluble seulement dans la nitrobenzine ou l'aniline bouillantes qui, par refroidissement, laissent déposer des cristaux rougeâtres, fondant à 204-206° et ayant la composition du diphényldihydrazone-cyanacétate d'éthyle.

L'équation suivante permet d'expliquer sa formation :

$$\begin{array}{l} C^6H^4Az = Az - OH \\ | \\ C^6H^4Az = Az - OH \end{array} + 2CH^2 \begin{array}{l} CAz \\ \diagdown \\ CO^2C^2H^5 \end{array} =$$

$$\begin{array}{l} \quad\quad H \quad\quad\quad CAz \\ C^6H^4Az \diagup - Az = C \diagdown \\ \quad\quad\quad\quad\quad\quad CO^2C^2H^5 \\ | \quad\quad\quad\quad\quad\quad\quad\quad\quad\quad + 2H^2O \\ \quad\quad H \quad\quad\quad CAz \\ C^6H^4Az \diagup - Az = C \diagdown \\ \quad\quad\quad\quad\quad\quad CO^2C^2H^5 \end{array}$$

Récemment préparé, ce corps se dissout facilement dans les solutions aqueuses de soude, mais après dessication il ne s'y dissout plus que très incomplètement.

Les dissolutions aqueuses de carbonate de soude le dissolvent à chaud, mais l'abandonnent par refroidissement à l'état amorphe.

En faisant passer un courant d'acide carbonique dans la solution alcaline de l'éther, on obtient un précipité jaune qui, après dessication, fond à 204-206°.

Ce résultat m'avait fait penser qu'en raison de l'élévation du point de fusion, la modification instable que l'on pouvait espérer ainsi obtenir se transformait en la modification stable, et qu'il ne serait possible de l'observer qu'à la condition de trouver un dissolvant à point d'ébullition peu élevé.

ÉTHER α. — Cependant, W. Lax a décrit un deuxième isomère, qu'il obtient en précipitant la solution du dérivé disodé par la quantité strictement équivalente d'acide chlorhydrique. On remarquera que cet auteur ne s'est pas astreint à obtenir cette modification à l'état cristallisé, et que c'est précisément ce fait qui lui a permis de l'isoler. Dans son mémoire, l'auteur annonce, en effet, qu'une seule cristallisation transforme l'isomère ainsi obtenu dans la modification stable fondant à 204-206.

Peu de temps avant la publication du mémoire de W. Lax, j'ai trouvé, de mon côté, ce deuxième isomère en cherchant à préparer un dérivé benzoylé de l'éther précédemment décrit.

5 grammes de dérivé disodé sont dissous dans l'alcool étendu, puis additionnés peu à peu de chlorure de benzoyle dissous dans l'éther. Il se produit immédiatement un précipité qui n'est

pas constitué par le dérivé benzoylé cherché, mais bien par l'éther α et fondant comme lui à 234°.

Il se dissout dans la benzine, qui abandonne par refroidissement et évaporation une poudre jaune non cristallisée et dont le point de fusion varie de 204 à 234°, suivant le nombre des cristallisations.

On peut l'obtenir cristallisé, en dissolvant l'éther β dans le chlorure de benzoyle à chaud. Par refroidissement, la solution laisse déposer des petits cristaux microscopiques jaunes, fondant à 234°, qui constituent l'éther α pur.

En résumé :

La solution du dérivé sodé, précipitée par l'acide chlorhydrique, fournit la modification instable ou éther α, fondant à 234°.

La solution du dérivé sodé, saturée d'acide carbonique, donne l'éther β ou modification stable (p. f. 204-206°), qui s'obtient toujours par cristallisation de l'un ou l'autre isomère dans des liquides à point d'ébullition élevé.

On remarquera que les modifications stables et instables prennent naissance dans les mêmes conditions que celles signalées par les auteurs pour les corps obtenus par l'action des chlorures diazoïques sur l'éther cyanacétique.

### Analyse de l'éther β.

I. 0,2969 de substance ont donné 0,1297 $H^2O$ et 0,6676 $CO^2$.
II. 0,3598 de substance ont donné 0,1637 $H^2O$ et 0,8082 $CO^2$.
III. 0,1894 de substance ont donné 30cc,2 d'azote à 5° $H_{11} = 756$.
IV. 0,1354 de substance ont donné 21cc,8 d'azote à 8° $H_{10} = 755$.

| | Trouvé | | | | Calculé pour $C^{22}H^{30}Az^5O^3$ |
|---|---|---|---|---|---|
| | I. | II. | III. | IV. | |
| C.... | 64,31 | 64,23 | | | 64,11 |
| H.... | 4,62 | 5,07 | | | 4,62 |
| Az.... | | | 19,36 | 19,28 | 19,44 |

*Détermination du poids moléculaire.*

| | |
|---|---|
| Substance.................................... | 2gr,262 |
| Phénol..................................... | 31gr,42 |
| Abaissement observé......................... | 6°,70 |
| Poids moléculaire trouvé..................... | 477 |
| Poids moléculaire calculé pour $C^{22}H^{30}Az^5O^3$... | 482 |

## Diphényldihydrazone-sodé-cyanacétate d'éthyle.

Diphényldihydrazone-sodé, 2. propane nitrile, 1. oate d'éthyle, 3.

$$C^6H^5Az - Az = C \overset{Na}{\underset{CO^2C^2H^5}{<}} CAz$$
$$C^6H^5Az - Az = C \overset{Na}{\underset{CO^2C^2H^5}{<}} CAz$$

8 gr. 64 de diphényldihydrazone-cyanacétate d'éthyle, préalablement réduit en poudre fine, sont introduits dans une solution de 0,92 de sodium dans 150 centimètres cubes d'alcool absolu. Après agitation de quelques minutes, il reste au fond du vase une poudre rouge jaunâtre qui est lavée à l'alcool absolu et constitue le dérivé disodé.

Il se dissout dans l'alcool étendu d'un tiers de son volume d'eau et dans l'acétone, qui l'abandonnent par évaporation, sous forme de petits cristaux rougeâtres.

Les solutions hydro-alcooliques, additionnées de sels métalliques, fournissent des précipités insolubles dans l'eau qui constituent les dérivés correspondants. Le sel d'argent se présente, après dessication, comme une poudre brune amorphe.

0,9346 de substance ont donné 0,2767 $SO^4Na^2$.
Ce qui correspond à $Na = 9,58 \%$.
Calculé pour $C^{22}H^{15}Az^5O^4Na^2$   $Na = 9,66 \%$.

## Diphényldiméthylhydrazone-cyanacétate d'éthyle.

Diphényldiméthylhydrazone, 2. propane nitrile, 1. oate d'éthyle, 3.

$$C^6H^5Az - Az = C \overset{CH^3}{\underset{CO^2C^2H^5}{<}} CAz$$
$$C^6H^5Az - Az = C \overset{CH^3}{\underset{CO^2C^2H^5}{<}} CAz$$

Le diphényldihydrazone-cyanacétate d'éthyle donnant avec le sodium un dérivé sodé, il paraissait possible d'obtenir un produit de substitution diméthylé, en faisant agir l'iodure de méthyle sur le dérivé métallique.

En chauffant le mélange des deux substances avec de l'alcool absolu ou d'autres liquides indifférents, à la température du bain-marie, on observe que la réaction ne se produit pas.

En opérant en tube scellé à 120-130°, on trouve à l'ouverture du tube un résideux visqueux indiquant une décomposition profonde, mais d'où on ne peut retirer le dérivé diméthylé.

On arrive à de bien meilleurs résultats en faisant agir l'iodure de méthyle sur le dérivé argentique du diphényldihydrazone-cyanéate d'éthyle, en suspension dans la benzine. Le mélange, porté à l'ébullition pendant une heure, donne un résidu insoluble dans la benzine. Ce dernier, épuisé par le chloroforme, fournit un liquide qui, abandonné à l'évaporation, donne des petits cristaux qu'il est nécessaire de purifier par plusieurs cristallisations. On finit par obtenir ainsi des lamelles jaunes fondant à 210-212°, qui constituent le diphényldiméthylhydra zone-cyanacétate d'éthyle.

### Analyse.

I. 0,3497 de substance ont donné 0,1687 $H^2O$ et 0,8007 $CO^2$.
II. 0,3515 de substance ont donné 0,1711 $H^2O$ et 0,8017 $CO^2$.
III. 0,2050 de substance ont donné $32^{cc},8$ d'azote à 14° $H_{16}$ = 737,5.
IV. 0,2135 de substance ont donné $34^{cc}$ d'azote à 16° $H_{12}$ = 759,9.

| | Trouvé | | | | Calculé pour $C^{19}H^{20}Az^4O^2$ |
|---|---|---|---|---|---|
| | I. | II. | III. | IV. | |
| C..... | 62,33 | 62,21 | | | 62,60 |
| H..... | 5,35 | 5,40 | | | 5,21 |
| Az .... | | | 18,04 | 18,13 | 18,26 |

Si le corps qui vient d'être décrit est bien une hydrazone, les groupes $CH^3$ doivent être fixés aux atomes d'azote et la démonstration de ce fait présenterait un intérêt très grand au point de vue de la constitution du produit précédent.

On pouvait espérer y arriver, en cherchant la diméthylbenzidine symétrique dans les produits de décomposition du dérivé diméthylé, soit au moyen des réducteurs, soit au moyen des hydratants.

Les premiers (hydrogène naissant, sulfure d'ammonium, gaz sulfureux, protochlorure d'étain), en solution acide ou alcaline, ne donnent aucun résultat et laissent le corps inaltéré.

Les seconds (bases alcalines, acides minéraux) agissent différemment, suivant qu'il s'agit d'une base ou d'un acide.

Le dérivé méthylé, chauffé pendant longtemps avec une solution aqueuse de soude à 20 p. 100, n'a fourni ni benzidine ni diméthylbenzidine symétrique.

2 gr. 50 de dérivé diméthylé, additionnés de 15 centimètres cubes d'acide chlorhydrique au 1/3, ont été chauffés pendant six heures à la température de 210-220°. En ouvrant le tube avec précaution, après refroidissement, on peut en retirer un liquide coloré qui précipite par addition d'un excès d'ammoniaque. Le précipité lavé est redissous dans l'acide chlorhydrique, reprécipité par l'ammoniaque et purifié par plusieurs cristallisations dans l'alcool. Il fond à 118° et a une composition qui se rapproche de celle de la diméthylbenzidine symétrique.

### Analyse.

I. 0,2847 de substance ont donné 0,1911 $H^2O$ et 0,8244 $CO^2$.
II. 0,2973 de substance ont donné 0,1977 $H^2O$ et 0,8645 $CO^2$.
III. 0,1948 de substance ont donné 22°,9 d'azote à 17° $H_{19} = 747,2$.
IV. 0,1866 de substance ont donné 22°,2 d'azote à 17° $H_{19} = 747,8$.

| | Trouvé | | | | Calculé pour $C^{14}H^{16}Az^2$ |
|---|---|---|---|---|---|
| | I. | II. | III. | IV. | |
| C.... | 78,96 | 79,02 | | | 79,25 |
| H.... | 7,45 | 7,38 | | | 7,54 |
| Az... | | | 13,38 | 13,55 | 13,20 |

Le point de fusion, très éloigné de celui de la diméthylbenzidine symétrique et beaucoup moins de celui de l'orthotolidine, semblerait indiquer que la base obtenue est plutôt constituée par la dernière que par la première. M. Noelting a bien voulu m'indiquer un moyen qui m'a permis de caractériser la base obtenue.

On sait que les aldéhydes ont la propriété de former des combinaisons définies avec la benzidine et la tolidine.

En particulier, la paranitrobenzaldéhyde fournit avec la benzidine une combinaison fondant à 196-198°, tandis que la combinaison de paranitrobenzaldéhyde et de tolidine fond à 236-238°.

En chauffant la base obtenue avec de la paranitrobenzaldéhyde en solution alcoolique, j'ai obtenu un corps fondant à 230-232°, ce qui semble indiquer que le corps résultant de l'hydratation du dérivé diméthylé est bien de la tolidine ortho.

Ce résultat peut s'expliquer en remarquant que la diméthylbenzidine symétrique produite par l'action de l'acide chlorhydrique à haute température sur le diphényldiméthylhydrazonecyanacétate d'éthyle a pu subir une transposition moléculaire amenant les groupes $CH^3$ dans les noyaux benzéniques.

$$\begin{array}{ccc} C^6H^4AzHCH^3 & & CH^3C^6H^3AzH^2 \\ | & = & \\ C^6H^4AzHCH^3 & & CH^3C^6H^3AzH^2 \end{array}$$

## Diphényldiéthylhydrazone-cyanacétate d'éthyle.

Diphényldiéthylhydrazone, 2, propane nitrile, 1, cate d'éthyle, 3.

$$\begin{array}{c} C^6H^4Az \quad - Az = C \begin{array}{l} \diagup C^2H^5 \\ \diagdown \begin{array}{l} CAz \\ CO^2C^2H^5 \end{array} \end{array} \\ | \\ C^6H^4Az \quad - Az = C \begin{array}{l} \diagup C^2H^5 \\ \diagdown \begin{array}{l} CAz \\ CO^2C^2H^5 \end{array} \end{array} \end{array}$$

La préparation de ce dérivé, comme de tous les autres, a été tentée sans succès par l'action de l'iodure d'éthyle sur le diphényldihydrazone-sodé-cyanacétate d'éthyle.

On l'obtient avec de mauvais rendements, en faisant réagir l'iodure d'éthyle sur le dérivé diargentique maintenu en suspension dans l'alcool absolu. La durée de l'ébullition doit être réduite à une demi heure.

La solution alcoolique, évaporée à sec, laisse un résidu qui est repris par la benzine. Par évaporation de cette dernière, on obtient un précipité cristallin très impur. Après plusieurs cristallisations dans le même dissolvant, on obtient des petits cristaux jaunes fondant à 144-145°.

Les rendements atteignent au plus 10 p. 100.

**Analyse.**

I. 0,2875 de substance ont donné 0,1526 $H^2O$ et 0,6756 $CO^4$.
II. 0,3141 de substance ont donné 0,1645 $H^2O$ et 0,7370 $CO^2$.
III. 0,1741 de substance ont donné $26^c$ d'azote à 12° $H_B = 741,6$.
IV. 0,1623 de substance ont donné $24^c,8$ d'azote à 13° $H_B = 733,2$.

| | Trouvé | | | | Calculé pour $C^{26}H^{25}Az^6O^4$ |
|---|---|---|---|---|---|
| | I. | II. | III. | IV. | |
| C.... | 64,08 | 63,98 | | | 63,93 |
| H.... | 5,89 | 5,81 | | | 5,73 |
| Az... | | | 17,24 | 17,38 | 17,21 |

## Diphényldihydrazone-monobenzoylé-cyanacétate d'éthyle.

Diphényldihydrazone-monobenzoylé. 2. propane nitrile. 1. oate d'éthyle. 3.

```
                    CO—C⁶H⁵      CAz
         C⁶H⁵Az           — Az = C
         |          — Az = C      CO²C²H⁵
         |
                    H            CAz
         C⁶H⁵Az           — Az = C
                    — Az = C      CO²C²H⁵
```

Ce corps ne peut être obtenu par l'action du chlorure de benzoyle sur le dérivé sodé. Cette observation concorde avec celle de W. Lax, qui n'a pu préparer aucun dérivé de substitution du diphényldihydrazone-cyanacétate d'éthyle.

Au contraire, si on porte à l'ébullition pendant quelques minutes un mélange de 60 grammes de xylène et de chlorure de benzoyle, tenant en suspension 5 grammes de dérivé d'argentique, on obtient un liquide qui, par refroidissement, abandonne des cristaux microscopiques jaunes ayant la composition d'un dérivé monobenzoylé.

Ce résultat anormal tendrait à faire croire que ce corps est constitué par un mélange de dérivé dibenzoylé et de diphényldihydrazone-cyanacétate d'éthyle. Cependant, si on le lave avec une dissolution alcoolique de soude à 10 p. 100 étendue de la moitié de son volume d'eau, on constate que le corps présente après cette opération la même composition qu'avant et que le point de fusion, 198-200°, n'a pas changé.

En faisant bouillir quelques minutes le corps avec une solution aqueuse de soude, on obtient une solution rouge renfermant du benzoate de soude et du diphényldihydrazone cyanacétate d'éthyle.

Cette solution alcaline, additionnée d'un excès d'acide chlorhydrique et agitée après filtration avec de la benzine, donne une solution qui abandonne par évaporation des cristaux d'acide benzoïque caractérisés par leur point de fusion 119-120°.

**Analyse.**

I. 0,3794 de substance ont donné 0,1560 $H^2O$ et 0,9054 $CO^2$.
II. 0,3143 de substance ont donné 0,1307 $H^2O$ et 0,7466 $CO^2$.
III. 0,1957 de substance ont donné 26°,2 d'azote à 14° $H_b$ = 742,8.
IV. 0,1842 de substance ont donné 25°,2 d'azote à 17° $H_b$ = 748,2.

| | Trouvé | | | | Calculé pour $C^{18}H^{15}Az^5O^4$ |
|---|---|---|---|---|---|
| | I. | II. | III. | IV. | |
| C.... | 65,05 | 64,73 | | | 65,92 |
| H.... | 4,56 | 4,61 | | | 4,47 |
| Az... | | | 15,34 | 15,38 | 15,67 |

## Diphényldihydrazone-cyanacétate de méthyle.

Diphénylhydrazone, 1; propane nitrile, 1; acétate de méthyle, 3.

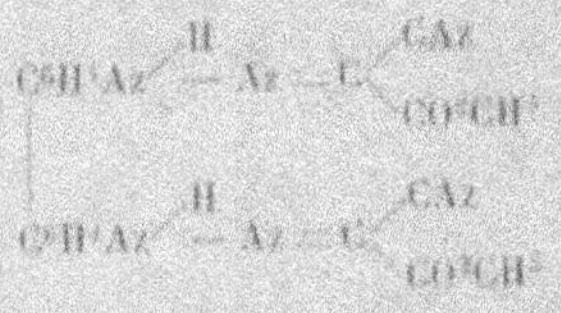

$$C^6H^5Az - Az - C \overset{H}{\underset{}{{}}} \begin{cases} CAz \\ CO^2CH^3 \end{cases}$$
$$C^6H^5Az - Az - C \overset{H}{\underset{}{{}}} \begin{cases} CAz \\ CO^2CH^3 \end{cases}$$

ÉTUDE 2. — La préparation de ce corps s'effectue exactement comme celle du diphényldihydrazone-cyanacétate d'éthyle, en remplaçant simplement 11,3 d'éther cyanacétique par 9,9 de cyanacétate de méthyle. On arrive à de meilleurs rendements encore en effectuant la réaction en solution acétique.

Il se dépose un précipité jaune qui, après lavage et dessication, est insoluble dans tous les dissolvants usuels, et ne se dissout que difficilement dans l'aniline ou la nitrobenzine bouillantes. Par refroidissement de ces solutions, on obtient une poudre d'apparence amorphe, mais qui, examinée au microscope, est reconnue comme constituée par une infinité de petites aiguilles groupées en boule.

Ici encore il y a deux isomères. Celui obtenu comme il vient d'être dit et résultant de la précipitation des solutions alcalines de l'éther par l'acide chlorhydrique, fond à 270° avant comme après cristallisation.

En suivant la nomenclature adoptée, il doit porter le nom d'éther α.

Éther β. — Le deuxième isomère a été obtenu d'abord en faisant réagir l'anhydride acétique sur une solution alcoolique du dérivé sodé. Le précipité ainsi obtenu est constitué par un mélange d'éther β et de dérivé acétylé. En traitant ce mélange par la pyridine froide on enlève la plus grande partie de l'éther qui, par évaporation du dissolvant, reste sous forme de petits cristaux microscopiques jaunes, fondant à 228-230°. On l'obtient encore plus commodément en précipitant la solution aqueuse du dérivé sodé par l'acide carbonique.

Dissous dans la nitrobenzine bouillante, l'éther β se transforme dans l'isomère α fondant à 270°.

Ainsi, contrairement à ce qui a lieu pour les diphényldihydrazones-cyanacétates d'éthyle isomères, le diphényldihydrazone-cyanacétate de méthyle α est stable, tandis que la combinaison β est instable.

### Analyse de l'éther α.

I. 0,2945 de substance ont donné 0,1036 $H^2O$ et 0,6425 $CO^2$.
II. 0,2643 de substance ont donné 0,0984 $H^2O$ et 0,5769 $CO^2$.
III. 0,2371 de substance ont donné 30°,8 d'azote à 10° $H_g$ = 759.
IV. 0,2219 de substance ont donné 39° d'azote à 10° $H_g$ = 755.

| | Trouvé | | | | Calculé pour $C^{18}H^{16}Az^4O^2$ |
|---|---|---|---|---|---|
| | I. | II. | III. | IV. | |
| C.... | 59,48 | 59,52 | | | 59,40 |
| H.... | 3,98 | 4,13 | | | 3,96 |
| Az.... | | | 29,51 | 29,63 | 29,79 |

2

### Analyse de l'éther β.

I. 0,3143 de substance ont donné 0,1179 $H^2O$ et 0,6840 $CO^2$.
II. 0,2768 de substance ont donné 0,1011 $H^2O$ et 0,6017 $CO^2$.
III. 0,2008 de substance ont donné 37°,1 d'azote à 17° $H_3 = 743,7$.

|   | Trouvé | | | Calculé pour $C^{20}H^{16}Az^2O^3$ |
|---|---|---|---|---|
|   | I. | II. | III. | |
| C...... | 59,31 | 59,27 | | 59,40 |
| H...... | 4,16 | 4,05 | | 3,96 |
| Az..... | | | 20,93 | 20,79 |

## Diphényldihydrazone-sodé-cyanacétate de méthyle.

Diphénylbihydrazone-sodé, 2. propane nitrile, 1. oate de méthyle, 3.

$$C^6H^5Az - Az - C\begin{matrix} \;Na \\ \end{matrix}\begin{matrix} CAz \\ CO^2CH^3 \end{matrix}$$
$$C^6H^5Az - Az - C\begin{matrix} \;Na \\ \end{matrix}\begin{matrix} CAz \\ CO^2CH^3 \end{matrix}$$

0 gr. 92 de sodium sont dissous dans 200 centimètres cubes d'alcool méthylique pur et additionnés ensuite de 8 gr. 08 de diphényldihydrazone-cyanacétate de méthyle en poudre fine. La dissolution rouge obtenue, évaporée dans le vide, abandonne des petits cristaux aiguillés jaunâtres, qui constituent le dérivé sodé, surtout remarquable par sa facile solubilité dans l'alcool méthylique, l'eau, l'acétone et la pyridine.

### Analyse

0,8538 de substance ont donné 0,2720 de $SO^4Na^2$.
Ce qui correspond à Na = 10,31 %.
Calculé pour $C^{20}H^{14}Az^5O^3Na^2$ : Na = 10,27 %.

## Diphényldiméthylhydrazone-cyanacétate de méthyle.

Diphényldiméthylhydrazone, 2, propane nitrile, 1, oate de méthyle, 3.

$$C^6H^5Az \diagup \overset{CH^3}{} - Az = C \diagup \overset{CAz}{} \diagdown CO^2CH^3$$

$$C^6H^5Az \diagup \overset{CH^3}{} - Az = C \diagup \overset{CAz}{} \diagdown CO^2C_2H^3$$

Le diphényldihydrazone-sodé-cyanacétate de méthyle étant
soluble dans l'alcool méthylique, devait se prêter facilement à
l'action des iodures alcooliques. On constate, en effet, qu'en
portant à l'ébullition une solution de 5 grammes de dérivé sodé
dans 100 grammes d'alcool méthylique additionné de la proportion équimoléculaire d'iodure de méthyle, il se produit au bout
de quelques heures un précipité, en même temps que la solution
se décolore graduellement. Le précipité obtenu contient du diphényldihydrazone-cyanacétate de méthyle, que l'on sépare par
lavage au moyen d'une solution étendue de soude. Il reste finalement une poudre jaune qui, après dessication, ne se dissout
que dans la nitrobenzine ou l'aniline bouillantes, qui l'abandonnent par refroidissement sous forme de cristaux microscopiques fondant à 276-277°.

### Analyse.

I. 0,3159 de substance ont donné 0,1339 $H^2O$ et 0,7097 $CO^2$.
II. 0,2938 de substance ont donné 0,1279 $H^2O$ et 0,6614 $CO^2$.
III. 0,1721 de substance ont donné 29°,6 d'azote à 15° $H_{17}$ = 737,8.
IV. 0,1849 de substance ont donné 31°,3 d'azote à 14° $H_{15}$ = 739,5.

| | Trouvé | | | | Calculé pour $C^{29}H^{30}Az^6O^2$ |
|---|---|---|---|---|---|
| | I. | II. | III. | IV. | |
| C..... | 61,26 | 61,18 | | | 61,11 |
| H..... | 4,77 | 4,82 | | | 4,63 |
| Az.... | | | 19,50 | 19,39 | 19,44 |

### O. Ditolyldihydrazone-cyanacétate d'éthyle.

O. Ditolyldihydrazone, 2. propane nitrile, 1. oate d'éthyle, 3.

$$CH^3 - C^6H^3Az \overset{H}{-} Az = C \underset{CO^2C^2H^5}{\overset{CAz}{\diagdown}}$$

$$CH^3 - C^6H^3Az \overset{H}{-} Az = C \underset{CO^2C^2H^5}{\overset{CAz}{\diagdown}}$$

Erreu 3. — 10 gr. 30 de tolidine sont dissous dans un mélange de 25 centimètres cubes d'acide chlorhydrique et 500 centimètres cubes d'eau distillée. Le mélange, additionné de glace et peu à peu de 100 centimètres cubes de liqueur normale de nitrite de soude, fournit du chlorure de tétrazoditolyle. Si l'on verse dans ce dernier 11 gr. 3 de cyanacétate d'éthyle et ensuite de la soude étendue, il se produit tout d'abord un précipité jaune, mais en ajoutant un excès d'alcali on le voit se redissoudre et la solution filtrée précipite par un excès d'acide chlorhydrique.

Après dessication, le précipité est dissous dans la nitrobenzine bouillante. Par refroidissement, il se dépose des cristaux rougeâtres fondant à 224-226° et ayant la composition du ditolyldihydrazone-cyanacétate d'éthyle.

L'équation suivante explique sa formation :

$$\begin{array}{l} CH^3 - C^6H^3Az = AzOH \\ \qquad\big| \qquad\qquad\qquad + 2\,CH^2 \underset{CO^2C^2H^5}{\overset{CAz}{\diagdown}} = \\ CH^3 - C^6H^3Az = AzOH \end{array}$$

$$\begin{array}{l} CH^3 - C^6H^3Az \overset{H}{-} Az - C \underset{CO^2C^2H^5}{\overset{CAz}{\diagdown}} \\ \qquad\big| \qquad\qquad\qquad\qquad\qquad\qquad + 2\,H^2O \\ CH^3 - C^6H^3Az \overset{H}{-} Az - C \underset{CO^2C^2H^5}{\overset{CAz}{\diagdown}} \end{array}$$

Ce corps est identique à celui décrit par W. Lax et obtenu par l'action du gaz carbonique sur la solution alcaline de l'éther. Il mérite par suite le nom d'éther 3.

ÉTHER α. — Il s'obtient par précipitation des solutions alcalines de l'éther au moyen de l'acide chlorhydrique.

J'ai signalé cet éther, ainsi que la modification β, bien avant W. Lax et j'ai montré comme lui qu'en le portant à une température supérieure à 180° il se transformait dans l'isomère fondant à 224-226°.

Si j'ai pu isoler cette modification instable, c'est qu'ici le corps résultant de la précipitation de la solution alcaline de l'éther par l'acide chlorhydrique, est soluble dans le chloroforme froid, tandis que le même corps, cristallisé dans la nitrobenzine, ne l'était plus.

### Analyse de l'éther β.

I. 0,2291 de substance ont donné 0,1107 $H^2O$ et 0,5256 $CO^2$.
II. 0,2311 de substance ont donné 0,1113 $H^2O$ et 0,5291 $CO^2$.
III. 0,1570 de substance ont donné 25°,2 d'azote à 16° $H_{g}$ = 744,6.
IV. 0,1594 de substance ont donné 25°,4 d'azote à 16° $H_{g}$ = 744,7.

|  | Trouvé | | | | Calculé pour $C^{23}H^{24}Az^6O^4$ |
|---|---|---|---|---|---|
|  | I. | II. | III. | IV. |  |
| C..... | 62,56 | 62,43 |  |  | 62,60 |
| H..... | 5,36 | 5,35 |  |  | 5,21 |
| Az.... |  |  | 18,28 | 18,14 | 18,26 |

### Analyse de l'éther α.

I. 0,3475 de substance ont donné 0,1801 $H^2O$ et 0,7993 $CO^2$.
II. 0,1744 de substance ont donné 28° d'azote à 16° $H_{g}$ = 743,6.
III. 0,1596 de substance ont donné 25°,8 d'azote à 16° $H_{g}$ = 743,8.

|  | Trouvé | | | Calculé pour $C^{23}H^{24}Az^6O^4$ |
|---|---|---|---|---|
|  | I. | II. | III. |  |
| C...... | 62,72 |  |  | 62,60 |
| H...... | 5,75 |  |  | 5,21 |
| Az..... |  | 18,30 | 18,39 | 18,26 |

### O. Ditolyldihydrazone-sodé-cyanacétate d'éthyle.

O. Ditolyldihydrazone-sodé, 2. propane nitrile, 1. oate d'éthyle, 3.

$$CH^3 - C^6H^4Az \overset{Na}{\diagdown} - Az = C \overset{CAz}{\diagdown} _{CO^2C^2H^5}$$

$$CH^3 - C^6H^4Az \overset{Na}{\diagdown} - Az = C \overset{CAz}{\diagdown} _{CO^2C^2H^5}$$

0 gr. 92 de sodium sont dissous dans 150 centimètres cubes d'alcool absolu. L'alcoolate de sodium obtenu est alors additionné de ditolyldihydrazone-cyanacétate d'éthyle 2 ou 3, préalablement réduit en poudre fine. Après quelques minutes d'agitation, la réaction est terminée et il reste au fond du ballon une poudre jaune rouge qui doit être lavée à l'alcool absolu. La dissolution dans l'acétone ou dans l'alcool étendu du tiers de son volume d'eau, donne par évaporation des cristaux aiguillés rougeâtres qui constituent le dérivé sodé.

Les solutions alcooliques précipitent par le nitrate d'argent et la plupart des sels métalliques.

Le dérivé d'argentique constitue une poudre jaune insoluble dans l'eau.

Analyse.

0,1832 de substance ont donné 0,2789 $SO^4Na^2$.
Ce qui correspond à $Na = 9,18\ \%$.
Calculé pour $C^{19}H^{19}Az^5O^2Na^2$   $Na = 9,12\ \%$.

### O. Ditolyldiméthylhydrazone-cyanacétate d'éthyle.

O. Ditolyldiméthylhydrazone, 2. propane nitrile, 1. oate d'éthyle, 3.

$$CH^3 - C^6H^4Az \overset{CH^3}{\diagdown} - Az = C \overset{CAz}{\diagdown} _{CO^2C^2H^5}$$

$$CH^3 - C^6H^4Az \overset{CH^3}{\diagdown} - Az = C \overset{CAz}{\diagdown} _{CO^2C^2H^5}$$

Bien que le dérivé sodé décrit précédemment soit un peu soluble dans l'alcool absolu, on ne peut, en chauffant cette disso lution avec de l'iodure de méthyle, obtenir le dérivé méthylé. Celui-ci se prépare en chauffant au bain-marie une dissolution d'iodure de méthyle dans la benzine tenant en suspension le dérivé diargentique du ditolyldihydrazone-cyanacétate d'éthyle.

La réaction donne de mauvais rendements et semble encore plus irrégulière que celle du dérivé diargentique du diphényl-dihydrazone-cyanacétate d'éthyle sur l'iodure de méthyle.

Après évaporation convenable de la benzine qui tenait le corps en dissolution, on décante l'excès du dissolvant et le précipité cristallin impur est jeté sur une plaque poreuse. Une série de cristallisations permet d'obtenir des lamelles à peine jaunes, fondant à 220-222°, qui constituent le dérivé diméthylé cherché.

Analyse.

I. 0,3653 de substance ont donné 0,1960 $H^2O$ et 0,8559 $CO^2$.

II. 0,3159 de substance ont donné 0,1669 $H^2O$ et 0,7416 $CO^2$.

III. 0,1694 de substance ont donné 26$^{cc}$ d'azote à 16° $H_{11}$ = 733,5.

|    | Trouvé | | | Calculé pour $C^{26}H^{28}Az_6O^4$ |
|----|----|----|----|----|
|    | I. | II. | III. | |
| C..... | 64,06 | 63,98 | | 63,93 |
| H..... | 5,97 | 5,86 | | 5,73 |
| Az.... | | | 17,22 | 17,21 |

La même réaction, tentée avec l'iodure d'éthyle, a donné des résultats complètement négatifs.

O. Ditolyldihydrazone-monobenzoylé-cyanacétate d'éthyle.

O. Ditolyldihydrazone-monobenzoylé, 2, propane nitrile, 1, oate d'éthyle, 3.

$$CH^3 - C^6H^3Az \overset{CO-C^6H^5}{- Az = C} \overset{CAz}{\diagdown CO^2C^2H^5}$$
$$\mid$$
$$CH^3 - C^6H^3Az \overset{H}{- Az = C} \overset{CAz}{\diagdown CO^2C^2H^5}$$

5 grammes de dérivé diargentique sont mélangés à 50 grammes de xylène tenant en dissolution 2 gr. 80 de chlorure de benzoyle. Le mélange, porté à l'ébullition pendant une demi-

heure, donne un liquide rouge qui, par refroidissement, laisse déposer des petits cristaux de couleur orangée fondant à 229-230°.

Dans le résidu, il reste encore la majeure partie du dérivé benzoylé que l'on enlève par du xylène bouillant.

Là encore, la réaction est anormale et n'a fourni qu'un produit unique, dont la composition est voisine de celle du dérivé monobenzoylé.

En effet, en lavant à plusieurs reprises les cristaux obtenus avec de la soude étendue, on ne parvient pas à avoir un corps de composition différente. Comme, de plus, le point de fusion est net, il faut en conclure que la réaction donne bien le dérivé monobenzoylé, et non un mélange du dérivé bi-substitué avec le ditolyldihydrazone-cyanacétate d'éthyle.

**Analyse.**

I. 0,3278 de substance ont donné 0,1525 $H^2O$ et 0,7943 $CO^2$
II. 0,2943 de substance ont donné 0,1388 $H^2O$ et 0,7137 $CO^2$
IV. 0,1745 de substance ont donné 23cc,2 d'azote à 17° $H_{25} = 745,8$

| | Trouvé | | | Calculé pour $C^{29}H^{25}Az^6O^3$ |
|---|---|---|---|---|
| | I. | II. | III. | |
| C | 66,07 | 66,13 | | 65,95 |
| H | 5,16 | 5,23 | | 4,96 |
| Az | | | 15,10 | 14,89 |

## O. Ditolyldihydrazone-cyanacétate de méthyle.

O. Ditolyldihydrazone, 2, propane nitrile, 1, oate de méthyle, 3.

$$CH^3 — C^6H^3Az \overset{H}{—} Az = C \overset{CAz}{\underset{CO^2CH^3}{}}$$
$$CH^3 — C^6H^3Az \overset{H}{—} Az = C \overset{CAz}{\underset{CO^2CH^3}{}}$$

ÉTHER α. — Il se prépare en faisant réagir le chlorure de tétrazoditolyle sur le cyanacétate de méthyle dans les proportions de une molécule du premier corps pour deux du second. La réaction s'effectue en solution alcaline ou acétique.

La solution alcaline de l'éther, additionnée d'acide chlorhy

drique, fournit un précipité jaune clair qui, après dessication,
fond à 270-272° et représente la modification α stable. En effet
si l'on fait cristalliser le corps obtenu dans la nitrobenzine
bouillante, on obtient des petits cristaux rougeâtres ayant le
même point de fusion que le produit amorphe.

Éther β. — Sa production s'observe dans l'action de l'anhydride acétique sur la solution alcoolique alcaline de l'éther α,
mais il est alors mélangé au dérivé acétylé dont on le sépare
difficilement au moyen de la pyridine froide.

Il s'obtient plus commodément en précipitant la solution alcaline de l'éther α par un courant de gaz carbonique. Après
dessication du précipité sous la cloche à acide sulfurique, il
reste une poudre jaune fondant à 225-227°. Si on le dessèche à
l'étuve, le point de fusion est variable et compris entre 225 et
270°, ce qui indique sa transformation partielle en éther α.

Du reste, cette transformation est opérée immédiatement par
cristallisation dans la nitrobenzine bouillante.

On observe encore ici, comme pour le diphényldihydrazone-
cyanacétate de méthyle, que l'éther α est stable, tandis que
l'éther β est instable.

**Analyse de l'éther α.**

I. 0,2043 de substance ont donné 0,0907 $H^2O$ et 0,4574 $CO^2$.
II. 0,3653 de substance ont donné 0,1545 $H^2O$ et 0,8215 $CO^2$.
III. 0,1803 de substance ont donné $30^{cc},6$ d'azote à 18° $H_{13} = 747,6$.
IV. 0,1974 de substance ont donné $34^{cc}$ d'azote à 17° $H_{18} = 747,7$.

|  | Trouvé | | | | Calculé pour $C^{32}H^{30}Az^6O^4$ |
|---|---|---|---|---|---|
|  | I. | II. | III. | IV. |  |
| C.... | 61,05 | 61,32 |  |  | 61,11 |
| H.... | 4,93 | 4,69 |  |  | 4,62 |
| Az... |  |  | 19,21 | 19,61 | 19,44 |

**Analyse de l'éther β.**

I. 0,2742 de substance ont donné 0,1177 $H^2O$ et 0,6128 $CO^2$.
II. 0,3351 de substance ont donné 0,1468 $H^2O$ et 0,7524 $CO^2$.
III. 0,1746 de substance ont donné $25^{cc},4$ d'azote à 15° $H_{13} = 739,8$.

|  | Trouvé | | | Calculé pour $C^{32}H^{30}Az^6O^4$ |
|---|---|---|---|---|
|  | I. | II. | III. |  |
| C..... | 60,94 | 61,22 |  | 61,11 |
| H..... | 4,76 | 4,86 |  | 4,62 |
| Az.... |  |  | 19,53 | 19,44 |

## O. Ditolyldihydrazone-sodé-cyanacétate de méthyle.

O. Ditolyldihydrazone-sodé, 2. propane nitrile, 1. oate de méthyle, 3.

$$
\begin{aligned}
&CH^3 - C^7H^6Az \overset{Na}{\underset{}{-\!\!-}} Az = C \big\langle \begin{matrix} CAz \\ CO^2CH^3 \end{matrix} \\
&CH^3 - C^7H^6Az \overset{Na}{\underset{}{-\!\!-}} Az = C \big\langle \begin{matrix} CAz \\ CO^2CH^3 \end{matrix}
\end{aligned}
$$

Ce dérivé se prépare en versant 8 gr. 64 de ditolyldihydrazone-cyanacétate de méthyle $\alpha$ ou $\beta$ dans de l'alcool méthylique, tenant en dissolution 0 gr. 92 de sodium. La solution rouge obtenue, évaporée dans le vide, laisse des aiguilles rouges impures qui doivent être soumises à une cristallisation dans le même dissolvant.

Les cristaux ainsi obtenus se dissolvent dans l'eau distillée froide, l'alcool, l'acétone, la pyridine.

### Analyse.

0,7958 de substance ont donné 0,2336 $SO^4Na^2$.
Trouvé Na = 9,54 %.
Calculé pour $C^{24}H^{19}Az^9O^4Na^2$   Na = 9,66 %.

## O. Ditolyldiméthylhydrazone-cyanacétate de méthyle.

O. Ditolyldiméthylhydrazone, 2. propane nitrile, 1. oate de méthyle, 3.

$$
\begin{aligned}
&CH^3 - C^7H^6Az \overset{CH^3}{\underset{}{-\!\!-}} Az = C \big\langle \begin{matrix} CAz \\ CO^2CH^3 \end{matrix} \\
&CH^3 - C^7H^6Az \overset{CH^3}{\underset{}{-\!\!-}} Az = C \big\langle \begin{matrix} CAz \\ CO^2CH^3 \end{matrix}
\end{aligned}
$$

Ce corps a été obtenu en portant à l'ébullition une solution de 5 grammes de dérivé sodé dans l'alcool méthylique additionné d'iodure de méthyle. Lorsque l'ébullition a duré assez longtemps, on observe que le liquide est beaucoup moins coloré, en même temps que le fond du ballon est recouvert d'un précipité jaune. Celui-ci est constitué par un mélange de ditolyldihydrazone-cyanacétate de méthyle et de dérivé diméthylé. On sépare le premier par un lavage avec de la soude étendue et le résidu desséché est dissous dans la nitrobenzine bouillante.

Les cristaux qui se déposent par refroidissement fondent à 266-267° et constituent le dérivé diméthylé cherché.

### Analyse.

I. 0,3494 de substance ont donné 0,1676 $H^2O$ et 0,8042 $CO^2$.

II. 0,2978 de substance ont donné 0,1458 $H^2O$ et 0,6820 $CO^2$.

III. 0,1732 de substance ont donné 27,°7 d'azote à 11° $H_{\beta} = 753,5$.

| | Trouvé | | | Calculé pour $C^{24}H^{24}Az^6O^4$ |
|---|---|---|---|---|
| | I. | II. | III. | |
| C...... | 62,76 | 62,45 | | 62,60 |
| H...... | 5,32 | 5,43 | | 5,21 |
| Az...... | | | 18,14 | 18,26 |

## O. Ditolyldihydrazone-acide cyanacétique.

o. Ditolyldihydrazone. 2. propane nitrile, 1. oïque. 3.

$$CH^3 - C^6H^3Az \underset{\big|}{\overset{H}{\diagup}} - Az = C \diagup \overset{CAz}{\underset{CO^2H}{}}$$

$$CH^3 - C^6H^3Az \overset{H}{\diagup} - Az = C \diagup \overset{CAz}{\underset{CO^2H}{}}$$

La facile solubilité du dérivé sodé du ditolyldihydrazone-cyanacétate de méthyle, qui m'a déjà permis de préparer directement le dérivé diméthylé, m'a engagé à en tenter la saponification.

10 grammes d'éther α ou β sont introduits dans une dissolution de 10 grammes de soude caustique dans 150 grammes d'alcool méthylique. Après une demi-heure d'ébullition au bain-marie, on laisse refroidir et on étend de quatre fois son volume d'eau. Le liquide, additionné d'acide chlorhydrique en excès, fournit un précipité jaune qui, après dessication, est dissous dans l'acétone. La solution abandonne par évaporation de belles

lamelles jaune d'or, fondant à 243-244°, qui constituent le corps cherché.

Cet acide se dissout dans un excès de solution aqueuse de soude et le liquide ainsi obtenu, mélangé avec son volume d'alcool, laisse précipiter le ditolyldihydrazone cyanacétate de sodium disodé à l'état amorphe.

Il n'a pas été possible de faire cristalliser ce dernier corps, car il est à peine soluble dans l'eau et l'alcool.

La préparation de cet acide avait déjà été tentée sans succès par W. Lax, qui avait cherché à l'obtenir par l'action de la la soude aqueuse sur le ditolyldihydrazone-cyanacétate d'éthyle.

### Analyse

I. 0,2843 de substance ont donné 0,1067 $H^2O$ et 0,6211 $CO^2$.

II. 0,3147 de substance ont donné 0,1153 $H^2O$ et 0,6848 $CO^2$.

III. 0,2145 de substance ont donné 38cc,8 d'azote à 15° $H_0 = 745,6$.

|  | Trouvé | | | Calculé pour $C^{30}H^{19}Az^5O^4$ |
|---|---|---|---|---|
|  | I. | II. | III. |  |
| C...... | 59,57 | 59,34 |  | 59,50 |
| H...... | 4,16 | 4,07 |  | 3,96 |
| Az..... |  |  | 20,81 | 20,79 |

## O. Dianisyldihydrazone-cyanacétate d'éthyle.

O. Dianisyldihydrazone, 2. propane nitrile. 1. oate d'éthyle. 3.

$$
CH^3O—C^6H^3Az{\Large\rangle}—Az=C\!\begin{cases}CAz\\CO^2C^2H^5\end{cases}
$$
$$
CH^3O—C^6H^3Az{\Large\rangle}—Az=C\!\begin{cases}CAz\\CO^2C^2H^5\end{cases}
$$

ESSAI 3. — 12 gr. 20 de dianisidine sont dissous dans un mélange de 25 centimètres cubes d'acide chlorhydrique, avec 500 centimètres cubes d'eau.

Le mélange, additionné de glace, puis de 100 centimètres cubes de solution normale de nitrite de soude, est abandonné pendant deux ou trois heures à lui-même.

Au bout de ce temps on verse dans la solution de l'acétate de soude en excès, puis 11 gr. 3 de cyanacétate d'éthyle et on agite vivement le mélange.

Il se dépose bientôt un précipité rougeâtre, floconneux, qui, séparé par filtration, est lavé. Après dessication on peut le dissoudre dans l'aniline chaude qui, par refroidissement, l'abandonne sous forme de petites aiguilles rouges, insolubles dans l'alcool, l'éther, et fondant à 283-284°.

On peut expliquer sa formation par l'équation :

$$
\begin{array}{l}
CH^3O - C^6H^3Az = Az - OH \\
\quad\quad\quad | \\
CH^3O - C^6H^3Az = Az - OH
\end{array}
\;+\; 2\,CH^3\!\!<^{\textstyle CAz}_{\textstyle CO^2C^2H^5} \;=
$$

$$
\begin{array}{l}
CH^3O - C^6H^3Az \overset{H}{\;\;} - Az = C<^{\textstyle CAz}_{\textstyle CO^2C^2H^5} \\
\quad\quad\quad | \\
CH^3O - C^6H^3Az \overset{H}{\;\;} - Az = C<^{\textstyle CAz}_{\textstyle CO^2C^2H^5}
\end{array}
\;+\; 2\,H^2O
$$

L'éther β a été également obtenu par W. Lax, en précipitant la solution alcaline de l'éther par un courant de gaz carbonique.

Éther α. — Il peut s'obtenir en ajoutant de l'anhydride acétique à la solution du dérivé sodé dans l'acétone, mais s'obtient plus aisément par le procédé de W. Lax, consistant à faire agir l'acide chlorhydrique sur la solution alcaline de l'éther.

Il fond à 175-176°.

### Analyse de l'éther β.

I. 0,2535 de substance ont donné 0,1135 $H^2O$ et 0,5419 $CO^2$.

II. 0,2479 de substance ont donné 0,1102 $H^2O$ et 0,5306 $CO^2$.

III. 0,1945 de substance ont donné 29cc d'azote à 14° $H_{12} = 745,3$.

IV. 0,1744 de substance ont donné 20cc d'azote à 16° $H_{17} = 747,6$.

| | Trouvé | | | | Calculé pour $C^9H^{14}Az^6O^6$ |
|---|---|---|---|---|---|
| | I. | II. | III. | IV. | |
| C.... | 58,31 | 58,36 | | | 58,59 |
| H.... | 4,97 | 4,93 | | | 4,87 |
| Az... | | | 17,16 | 17,21 | 17,07 |

homologue supérieur, en remplaçant simplement 11 gr. 3 d'éther cyanacétique par 9 gr. 9 de cyanacétate de méthyle. Il cristallise dans l'aniline, l'acétone, la nitrobenzine, sous forme de cristaux microscopiques fondant à 266-268°, qui constituent la modification stable. On arrive au même résultat en précipitant la solution alcaline de l'éther par l'acide chlorhydrique.

Éther $\beta$. — Il s'obtient en mettant le dérivé sodé en suspension dans l'eau et en soumettant le liquide à l'action du gaz carbonique pendant très longtemps. Il reste finalement un précipité jaune qui, après lavage et dessication sous la cloche à acide sulfurique, fond à 254-255°. Une seule cristallisation dans la nitrobenzine le transforme en éther $\alpha$.

### Analyse de l'éther $\alpha$.

I. 0,3145 de substance ont donné 0,1293 $H^2O$ et 0,6543 $CO^2$.
II. 0,2967 de substance ont donné 0,1178 $H^2O$ et 0,6171 $CO^2$.
III. 0,1457 de substance ont donné $22^{cc},8$ d'azote à 14° $H_p = 743,6$.

| | Trouvé | | | Calculé pour $C^{34}H^{20}Az^6O^6$ |
|---|---|---|---|---|
| | I. | II. | III. | |
| C...... | 56,73 | 56,71 | | 56,89 |
| H...... | 4,56 | 4,41 | | 4,31 |
| Az...... | | | 18,21 | 18,10 |

### Analyse de l'éther $\beta$.

I. 0,2788 de substance ont donné 0,1159 $H^2O$ et 0,5794 $CO^2$.
II. 0,2913 de substance ont donné 0,1189 $H^2O$ et 0,6101 $CO^2$.
III. 0,1788 de substance ont donné $28^{cc},8$ d'azote à 14° $H_7 = 735,6$.

| | Trouvé | | | Calculé pour $C^{33}H^{26}Az^6O^6$ |
|---|---|---|---|---|
| | I. | II. | III. | |
| C...... | 56,67 | 56,53 | | 56,89 |
| H...... | 4,61 | 4,48 | | 4,31 |
| Az...... | | | 18,29 | 18,10 |

### 0. Dianisyldihydrazone - sodé - cyanacétate de méthyle.

0. Dianisyldihydrazone-sodé. 2. propane nitrile. 1. oate de méthyle. 3.

$$CH^3O - C^5H^3Az \overset{Na}{-} Az - C \underset{CO^2CH^3}{\overset{CAz}{<}}$$

$$CH^3O - C^6H^3Az \overset{Na}{-} Az - C \underset{CO^2CH^3}{\overset{CAz}{<}}$$

Il s'obtient par l'action de l'alcool méthylique sodé sur l'éther α ou β. La poudre rouge ainsi obtenue se dissout en petite quantité dans l'alcool méthylique. En évaporant ce dernier, on obtient des petites lamelles jaunes qui constituent le dérivé sodé. Il est insoluble dans l'eau, se dissout fort peu dans l'acétone et la pyridine et ne réagit ni sur les iodures alcooliques, ni sur les chlorures à radicaux acides.

#### Analyse.

0,9873 de substance ont donné 0,2798 SO⁴Na².
Trouvé Na = 9,17.
Calculé pour $C^{24}H^{18}Az^8O^6Na^2$   Na = 9,05 %

En résumé, les éthers cyanacétiques, mis en présence des chlorures tétrazoïques, donnent des dérivés susceptibles de se présenter sous deux formes isomères.

Les corps obtenus par l'action du cyanacétate d'éthyle sur les chlorures tétrazoïques, donnent la modification stable β quand on précipite leur solution alcaline par le gaz carbonique. Cette même modification β prend encore naissance par dissolution de l'éther α dans les liquides à point d'ébullition élevé : aniline, nitrobenzine, etc.

Les éthers instables α s'obtiennent en précipitant les solutions alcalines des dérivés α ou β par l'acide chlorhydrique, le chlorure de benzoyle ou l'anhydride acétique.

Les produits résultant de l'action du cyanacétate sur les chlorures tétrazoïques donnent la modification stable quand on précipite leur solution alcaline par l'acide chlorhydrique et la modification instable quand on précipite cette même solution par le gaz carbonique.

L'action de l'acide chlorhydrique à haute température sur le diphényldihydrazone cyanacétate d'éthyle donnant de la tolidine, il est permis de penser que ce dérivé de substitution est un hydrazone.

# CHAPITRE II

## Action des éthers acidylcyanacétiques sur les chlorures diazoïques et tétrazoïques.

Les travaux relatifs à l'action des chlorures diazoïques sur les éthers cyanacétiques sodés ont montré que le sodium était éliminé à l'état de chlorure, et que les deux restes monovalents se soudaient, pour former soit un azoïque mixte, soit un hydrazone.

Il semble naturel de penser que les dérivés monosubstitués de ces mêmes éthers, qui possèdent encore un atome d'hydrogène remplaçable par du sodium, seront susceptibles de réagir de la même façon sur les chlorures diazoïques. Si cette réaction n'est accompagnée ni de transposition moléculaire, ni de décomposition, elle devra aboutir à la formation d'un azoïque mixte.

En comparant les produits ainsi obtenus à ceux qui résultent de l'action des iodures alcooliques ou des chlorures acides, sur les dérivés sodés des corps désignés sous le nom de benzène-azocyanacétates, on pourra établir la nature de ces derniers et dire si ce sont des azoïques mixtes ou des hydrazones.

C'est dans ce but que j'ai entrepris cette étude, qui a d'abord été effectuée sur les éthers cyanacétiques à radicaux acides suivants : acétylcyanacétate d'éthyle, propionylcyanacétate d'éthyle, isobutyrylcyanacétate d'étyle, isovalérylcyanacétate d'éthyle et benzoylcyanacétate d'éthyle. J'ai préparé tous ces éthers en employant l'une des méthodes indiquées par M. Haller, consistant dans l'action des chlorures acides sur le sodium cyanacétate d'éthyle. Trois d'entre eux, les dérivés acétylés isovalérylés et benzoylés, ont pu être obtenus cristallisés. Quant aux autres, leur pureté a été contrôlée par l'analyse élémentaire.

## Phénylhydrazone-cyanacétate d'éthyle.

Phénylhydrazone, 2. propane nitrile, 1. oate d'éthyle. 3.

$$C^6H^5Az \overset{H}{\diagup} - Az = C \diagdown^{CAz}_{CO^2C^2H^5}$$

L'action du chlorure de diazobenzène sur l'acétylcyanacétate d'éthyle a été d'abord essayée en faisant réagir l'éther sodé sur le chlorure diazoïque, en présence d'un excès de soude. Quel que soit l'ordre suivant lequel on opère le mélange, l'addition de soude provoque un dégagement de gaz et il reste finalement une huile rougeâtre, d'où il est impossible de retirer un produit défini.

Il n'en est plus de même si l'on opère en solution acétique.

100 centimètres cubes de solution normale d'aniline à trois molécules d'acide chlorhydrique par litre, sont diazotés au moyen de la quantité équivalente de nitrite de soude et additionnés ensuite de 50 grammes d'acétate de soude dissous dans 200 centimètres cubes d'eau. On retire alors la glace de la solution de chlorure de diazobenzène et on laisse la température de ce dernier remonter jusque vers 15°, pour éviter la solidification des 15 gr. 50 d'acétylcyanacétate d'éthyle dissous dans 30 centimètres cubes d'alcool qui y sont alors versés. Après une vive agitation on obtient un liquide transparent, qui est abandonné à lui-même dans un lieu frais pendant 24 heures. Au bout de ce temps, on trouve au fond du vase un précipité cristallin jaune qui, après lavage, est jeté sur une plaque poreuse et ainsi débarrassé d'un liquide coloré qui l'accompagne. Il est alors facile de reconnaître à la loupe deux espèces de cristaux dans le produit restant. Les uns, tabulaires, fondent à 85°, les autres, aiguillés, fondent à 125°.

En dissolvant le précipité dans l'alcool chaud, on observe que les premiers cristaux qui se déposent fondent à 125°, tandis que ceux fondant à 85° restent en dissolution et n'apparaissent que plus tard. Les premiers comme les seconds se dissolvent dans la soude étendue, et ces solutions, saturées d'acide carbonique, laissent déposer des précipités qui, après redissolution dans l'alcool, donnent uniquement les cristaux fondant à 85°.

Tous ces caractères sont bien ceux du corps désigné par M. Haller sous le nom de benzène-azocyanacétate d'éthyle et sa production peut s'expliquer par l'équation suivante :

$$C^6H^5Az = AzOH + \underset{CO^2C^2H^5}{\overset{CAz}{CH - COCH^3}}$$

$$C^6H^5Az \overset{H}{\diagdown} - Az = C \underset{CO^2C^2H^5}{\overset{CAz}{\diagup}} + CH^3CO^2H$$

Du reste, la production de l'acide acétique dans la réaction peut être mise en évidence, en remplaçant, dans la préparation précédente, l'acétate de soude par une égale quantité de tartrate alcalin. Il suffit, une fois l'opération terminée, d'épuiser le liquide restant par l'éther, pour obtenir un mélange dans lequel il est facile de caractériser l'acide acétique.

### Analyse

I. 0,2173 de substance ont donné 0,1013 $H^2O$ et 0,4823 $CO^2$.
II. 0,2398 de substance ont donné 0,1142 $H^2O$ et 0,5334 $CO^2$.
III. 0,1560 de substance ont donné $25^{cc},2$ d'azote à 21° $H_g = 747,7$.
IV. 0,2494 de substance ont donné $42^{cc},8$ d'azote à 20° $H_g = 747,8$.

|  | Trouvé | | | | Calculé pour $C^{11}H^{11}Az^3O^3$ |
|---|---|---|---|---|---|
|  | I. | II. | III. | IV. |  |
| C.... | 60,52 | 60,65 |  |  | 60,82 |
| H.... | 5,17 | 5,29 |  |  | 5,06 |
| Az... |  |  | 19,26 | 19,25 | 19,35 |

Si on remplace, dans la préparation précédente, les 15 gr. 30 d'acétylcyanacétate d'éthyle par une quantité équivalente de propionylcyanacétate d'éthyle, d'isobutyrylcyanacétate d'éthyle de benzoylcyanacétate d'éthyle, les résultats sont identiques aux précédents ; on obtient toujours l'éther α fondant à 125°, mélangé à quelques cristaux d'éther β.

La réaction peut donc se traduire par l'équation générale :

$$R - CO - CH \Big\langle \begin{matrix} CAz \\ CO^2C^2H^5 \end{matrix} + C^6H^5Az - AzOH =$$

$$R - CO - OH + C^6H^5Az \big\langle \begin{matrix} H \\ \end{matrix} - Az = C \Big\langle \begin{matrix} CAz \\ CO^2C^2H^5 \end{matrix}$$

### Diphényldihydrazone-cyanacétate d'éthyle.

Diphényldihydrazone, 2. propane nitrile, 1. oate d'éthyle, 3.

$$C^6H^4Az \big\langle \begin{matrix} H \\ \end{matrix} - Az = C \Big\langle \begin{matrix} CAz \\ CO^2C^2H^5 \end{matrix}$$
$$\Big|$$
$$C^6H^4Az \big\langle \begin{matrix} H \\ \end{matrix} - Az = C \Big\langle \begin{matrix} CAz \\ CO^2C^2H^5 \end{matrix}$$

L'action du chlorure de tétrazodiphényle sur l'acétylcyanacétate d'éthyle en solution alcaline, n'a pas fourni de produits susceptibles d'être purifiés. Au moment de l'addition de
soude au mélange, il se produit un dégagement de gaz, et il
reste une matière goudronneuse très colorée, d'où on ne peut
retirer aucun produit cristallisé.

En opérant en solution acétique, au contraire, on observe une
réaction très nette.

9 gr. 20 de benzidine, dissous dans un mélange de 25 centimètres cubes d'acide chlorhydrique et 250 centimètres cubes
d'eau, sont diazotés au moyen de 100 centimètres cubes de
nitrite de soude normal. Le chlorure tétrazoïque, amené en
solution acétique par addition d'acétate de soude, est porté à
la température de 15°. En versant dans la solution 15 gr. 50
d'acétylcyanacétate d'éthyle, on détermine presque aussitôt la
formation d'un précipité jaune.

Après deux ou trois cristallisations dans la nitrobenzine
bouillante, on obtient des petits cristaux fondant à 204-206° et
ayant l'apparence et la composition du diphényldihydrazone-

cyanacétate d'éthyle, dont la production peut s'expliquer par l'équation :

$$C^6H^4Az = Az - OH \atop C^6H^4Az = Az - OH} + 2 \, CH - COCH^3 \atop CO^2C^2H^5}$$

$$C^6H^4Az \begin{matrix} H \\ - Az = C \end{matrix} \begin{matrix} CAz \\ CO^2C^2H^5 \end{matrix} + 2 \, CH^3CO - OH$$
$$C^6H^4Az \begin{matrix} H \\ - Az - C \end{matrix} \begin{matrix} CAz \\ CO^2C^2H^5 \end{matrix}$$

**Analyse.**

I. 0,2674 de substance ont donné 0,1246 $H^2O$ et 0,392... $CO^2$
II. 0,2516 de substance ont donné 0,1161 $H^2O$ et 0,5656 $CO^2$
III. 0,1690 de substance ont donné 26cc,6 d'azote à 17° $H_6$ = 748,7
IV. 0,2198 de substance ont donné 27cc,6 d'azote à 17° $H_{12}$ = 748,6

| | Trouvé | | | | Calculé pour $C^{18}H^{20}Az^4O^4$ |
|---|---|---|---|---|---|
| | I. | II. | III. | IV. | |
| C.... | 61,12 | 61,30 | | | 61,11 |
| H.... | 5,23 | 5,13 | | | 5,62 |
| Az... | | | 19,29 | 19,50 | 19,54 |

En répétant la même réaction avec l'isobutyrylcyanacétate d'éthyle, le benzoylcyanacétate d'éthyle, on obtient des résultats identiques, c'est-à-dire le corps fondant à 204-205°.

Quant aux autres éthers, ils fournissent, dans les mêmes circonstances, des produits dont la composition est voisine de celle du diphényldihydrazone-cyanacétate d'éthyle, mais qu'il n'a pas été possible de purifier par cristallisation.

En résumé, les chlorures diazoïques et tétrazoïques réagissent sur les éthers acidylcyanacétiques avec élimination du groupe acide substitué et formation des corps déjà obtenus par l'action des chlorures diazoïques ou tétrazoïques sur les éthers cyanacétiques.

MM. Japp et Klingemann [1] ont déjà montré que le méthyl-

(1) Francis Japp et Klingemann, B. D. Ch., g., t. XX, p. 2942, ann. 1887.

cétylacétate d'éthyle, mis en présence du chlorure de diazobenzène, éprouvait une décomposition semblable et pouvant se
traduire par l'équation :

$$CH^3 - CH \underset{CO^2C^2H^5}{\overset{CO - CH^3}{\big\langle}} + C^6H^5Az = Az - OH =$$

$$C^6H^5Az \underset{}{\overset{H}{\diagup}} - Az = C \underset{CO^2C^2H^5}{\overset{CH^3}{\big\langle}} + CH^3CO - OH$$

Cette réaction pourrait s'expliquer en remarquant que les
auteurs précédents l'effectuaient en solution alcaline.

Les éthers acidylcyanacétiques, comme on l'a vu, réagissent
au contraire très bien en solution acétique sur les chlorures
diazoïques ou tétrazoïques. Dès lors, cette réaction ne saurait
être attribuée à une décomposition préalable de l'éther acidyl-
cyanacétique par le liquide au sein duquel se fait la combinaison.

On peut dire que s'il se forme un azoïque mixte du type :

$$C^6H^5Az = Az - C \underset{CO^2C^2H^5}{\overset{CAz}{\big\langle}} - COR$$

il est immédiatement décomposé par l'eau.

Comme pareil fait n'a pas été observé pour les dérivés
acidylés des benzène-azocyanacétates, il faut en conclure qu'ils
n'ont pas la constitution d'azoïques mixtes du type précédent,
mais bien celle d'hydrazones.

# CHAPITRE III

## Action des éthers alcoylcyanacétiques sur les chlorures diazoïques.

Dans le chapitre II, on a vu que les éthers acidylcyanacétiques mis en présence des chlorures diazoïques ou tétrazoïques en solution acétique, donnaient les mêmes produits que ceux obtenus en faisant réagir le cyanacétate d'éthyle sur ces mêmes chlorures.

Ce résultat a été interprété en disant que s'il se forme des azoïques mixtes dans ces conditions, ils sont immédiatement décomposés par l'eau. Le radical substitué des éthers alcoylcyanacétiques étant plus difficilement éliminé par l'action des réactifs que celui des éthers acidylcyanacétiques, on pouvait espérer que leur action sur les diazoïques donnerait naissance à des azoïques mixtes stables dont la comparaison avec les alcoylbenzène-azocyanacétates préparés par M. Haller, infirmerait ou confirmerait les conclusions du chapitre précédent.

C'est dans cet ordre d'idées que j'ai entrepris cette étude, en me servant pour cela du méthylcyanacétate de méthyle et de l'éthylcyanacétate d'éthyle, qui peuvent être obtenus tous les deux à l'état de pureté, en suivant le mode de préparation indiqué par M. Haller et par M. Louis Henry.

### Phénylhydrazone du cyanure d'acétyle.

Phénylhydrazone, 2, propane nitrile, 1.

$$C^6H^5Az - \overset{H}{Az} = C\begin{cases} CAz \\ CH^3 \end{cases}$$

100 centimètres cubes de solution normale de chlorhydrate d'aniline à trois molécules d'acide chlorhydrique par litre sont

refroidis à zéro, puis additionnés peu à peu d'un égal volume de
liqueur normale de nitrite de soude. Dans la solution du chlorure de diazobenzène obtenu, on verse 11 gr. 3 de méthylcyanacétate de méthyle et ensuite de la soude étendue jusqu'à
réaction alcaline, en agitant vivement.

Peu de temps après, il se dépose au sein du mélange un
liquide huileux jaune, qui se solidifie au bout de deux ou trois
jours. Si on le sépare du reste du mélange et qu'on l'agite avec
de la lessive de soude étendue de deux fois son volume d'eau,
il se prend immédiatement en une masse cristalline. Après
plusieurs cristallisations dans le benzène, on finit par obtenir
des petits cristaux lamelleux blancs, fondant à 130-131°.

Ils ont la composition de la phénylhydrazone du nitrile pyruvique, dont la production peut être expliquée par l'équation :

$$C^6H^5Az = Az - OH + \overset{\displaystyle CAz}{\underset{\displaystyle CO^2CH^3}{|}}{CH - CH^3} =$$

$$C^6H^5Az \overset{H}{\diagdown} - Az = C \overset{CAz}{\underset{CH^3}{\diagup}} + CH^3OH + CO^2$$

Pour démontrer l'exactitude de cette hypothèse, 5 grammes de
ce corps ont été chauffés au bain-marie avec 100 centimètres
cubes d'alcool à 70°, renfermant 10 grammes de soude en dissolution. Lorsque le dégagement de gaz ammoniac est à peu près
terminé, le liquide est étendu d'eau, filtré, et le filtratum est
additionné d'acide chlorhydrique en excès.

Il se produit aussitôt un précipité jaune floconneux qui, après
lavage et dessication, est dissous dans l'alcool absolu et abandonné à la cristallisation. Les cristaux obtenus sont constitués
par la phénythydrazone de l'acide pyruvique ou acide-z-phényl-
azopropionique (1), comme le démontrent l'analyse et le point
de fusion 181-183°.

<hr>

(1) FISCHER et JOURDAN, B. D. Ch. g., t. XVI, p. 2241, ann. 1883 et JAFFE et
KLINGEMANN, B. D. Ch. g., t. XX, p. 2942, ann. 1887.

Pour qu'il en soit ainsi, il faut admettre que la réaction précédente donne bien naissance à la phénylhydrazone du nitrile pyruvique. On peut, en effet, remarquer que le corps en question se produit en solution alcaline ; que sa transformation en phénylhydrazone de l'acide pyruvique s'est effectuée également en solution alcaline, et qu'il y a peu de probabilités pour que dans ces circonstances il y ait eu transposition moléculaire, pendant la transformation du premier corps dans le second.

Pour donner une deuxième preuve de la réalité de cette constitution, j'ai fait réagir la phénylhydrazine sur le nitrile pyruvique (ou cyanure d'acétyle) en solution éthérée, espérant ainsi obtenir la phénylhydrazone du nitrile pyruvique, qui devait être identique avec le produit résultant de l'action du chlorure de diazobenzène sur le méthylcyanacétate de méthyle.

Au lieu de l'hydrazone attendue, j'ai obtenu de l'acide cyanhydrique, et de l'acétylphénylhydrazine symétrique fondant à 128-129°, dont l'équation suivante explique la formation :

$$C^6H^5AzH-AzH^2 + \begin{array}{c} CAz \\ | \\ CO \\ | \\ CH^3 \end{array} = CAzH + C^6H^5AzH-\overset{\diagup H}{Az}-\begin{array}{c} CO \\ | \\ CH^3 \end{array}$$

Ce résultat, dont j'ai signalé déjà un autre exemple (1), n'a rien qui doive surprendre, et montre que dans les nitriles cétones en position 1. 2, le radical CAz fonctionne absolument comme le chlore, le brome, dans les chlorures et bromures à radicaux acides ; ce sont, en d'autres termes, de véritables cyanures de radicaux acides.

On peut, du reste, dans la réaction qui donne naissance à la phénylhydrazone du nitrile pyruvique, constater qu'il y a effectivement élimination de gaz carbonique. Il suffit, pour cela, d'opérer en vase fermé et d'ajouter au liquide séparé de l'huile

(1) Favrel, *Bulletin Société chimique*. Paris, 1897, t. II, p. 849.

qui a pris naissance de l'acide chlorhydrique pour observer un abondant dégagement de gaz carbonique.

Enfin, la réaction se passe de la même façon, si au lieu de l'effectuer en solution alcaline on l'essaye en solution acétique, on observe alors directement le dégagement de gaz carbonique pendant tout le temps que dure l'opération, et on constate que le produit obtenu est beaucoup plus pur.

La phénylhydrazone du nitrile pyruvique après cristallisation dans le benzène, se présente sous forme de petites lamelles blanches, insolubles dans l'eau, solubles dans l'alcool, le toluène, le xylène et la nitrobenzine.

En saturant de gaz chlorhydrique la solution alcoolique, on obtient un précipité jaune clair cristallin fondant à 197-198°, soluble sans décomposition dans l'eau froide, dans laquelle il cristallise en petites aiguilles incolores ; c'est le chlorhydrate de la phénylhydrazone du nitrile pyruvique ayant pour formule :

$$C^6H^5Az \overset{H}{\diagup} - Az = C \diagup_{CH^3}^{CAz} + HCl$$

Ce chlorhydrate, traité par une solution de carbonate de soude, est décomposé avec mise en liberté de gaz carbonique, de phénylhydrazone du nitrile pyruvique et formation de chlorure de sodium.

La phénylhydrazone du cyanure d'acétyle, soumise à l'action du chlorure d'acétyle, du chlorure de benzoyle, de l'anhydride acétique, n'a fourni ni isomère du corps primitif ni dérivé benzoylé ou acétylé.

Les solutions alcooliques, additionnées d'éthylate de sodium puis soumises à l'évaporation dans le vide, laissent déposer le corps primitif fondant à 151-152°. Il n'y a donc pas formation de dérivé sodé.

Enfin, les solutions alcooliques alcalines, additionnées d'acide chlorhydrique ou soumises à l'action du gaz carbonique, donnent le même corps fondant à 151-152°.

### Analyse.

I. 0,2526 de substance ont donné 0,1372 $H^2O$ et 0,6396 $CO^2$,
II. 0,2276 de substance ont donné 0,1164 $H^2O$ et 0,5676 $CO^2$,
III. 0,1380 de substance ont donné 32$^{cc}$,2 d'azote à 17° $H_{17}$ — 753,3,
IV. 0,1620 de substance ont donné 37$^{cc}$,6 d'azote à 17° $H_{18}$ — 743,2.

|  | Trouvé | | | | Calculé pour $C^9H^9Az^3$ |
|---|---|---|---|---|---|
|  | I. | II. | III. | IV. | |
| C.... | 68,07 | 68,00 | | | 67,92 |
| H.... | 6,03 | 5,68 | | | 5,66 |
| Az... | | | 26,44 | 26,26 | 26,44 |

### Détermination du poids moléculaire.

| | |
|---|---|
| Substance........................................... | 1,036 |
| Phénol............................................. | 52,44 |
| Abaissement du point de congélation observé.. | 0°,92 |
| Poids moléculaire trouvé........................ | 163 |
| Calculé pour $C^9H^9Az^3$......................... | 159 |

## Paratoluylhydrazone du cyanure d'acétyle.

Paratoluylhydrazone, 2. propane nitrile. 1.

$$CH^3 — C^6H^4Az \overset{H}{\underset{(1)}{{}}} Az \underset{(2)}{=} C \overset{CAz}{\underset{CH^3}{{}}}$$

On obtient ce corps en faisant réagir un dixième de molécule
de chlorure de diazoparatoluyle sur 11 gr. 3 de méthylcyanacétate de méthyle, en solution alcaline ou acétique. L'huile qui se
sépare ainsi, agitée avec une solution de soude étendue, se
prend rapidement en masse. Celle-ci, après essorage, est dissoute dans l'alcool qui abandonne par évaporation des petits
cristaux jaunes grenus constituant le corps cherché. Point de
fusion 166. Rendement 25 p. 100.

### Analyse.

I. 0,3123 de substance ont donné 0,1804 $H^2O$ et 0,7959 $CO^2$.
II. 0,2894 de substance ont donné 0,1699 $H^2O$ et 0,7354 $CO^2$.
III. 0,1584 de substance ont donné 33cc,5 d'azote à 15° $H_{13} = 751,5$.
IV. 0,1701 de substance ont donné 35cc,8 d'azote à 15° $H_{14} = 751,4$.

|  | Trouvé | | | | Calculé pour $C^{10}H^{11}Az^3$ |
|---|---|---|---|---|---|
|  | I. | II. | III. | IV. | |
| C.... | 69,41 | 69,29 |  |  | 69,36 |
| H.... | 6,41 | 6,52 |  |  | 6,35 |
| Az... |  |  | 24,37 | 24,32 | 24,27 |

## Orthotoluylhydrazone du cyanure d'acétyle.

### Orthotoluylhydrazone. 2. propane-nitrile. 1.

$$CH^3 - C^6H^4Az \overset{H}{\diagdown} - Az = C \overset{CAz}{\underset{CH^4}{<}}$$
$$(1) \qquad (2)$$

Le mode de préparation de ce corps ne diffère en rien de celui des deux corps précédemment décrits. Il suffit de faire réagir le chlorure de diazoorthotoluyle et le méthylcyanacétate de méthyle en proportion équimoléculaire. On arrive au même résultat encore en remplaçant le méthylcyanacétate de méthyle par une proportion équivalente de méthylcyanacétate d'éthyle. Il cristallise dans la benzine ou l'alcool et fond à 131-132°.

Rendement 28 p. 100 en produit brut.

### Analyse.

I. 0,3352 de substance ont donné 0,1943 $H^2O$ et 0,8507 $CO^2$.
II. 0,3107 de substance ont donné 0,1843 $H^2O$ et 0,7893 $CO^2$.
III. 0,1489 de substance ont donné 31cc d'azote à 14° $H_{12} = 749,4$.
IV. 0,1631 de substance ont donné 34cc,5 d'azote à 15° $H_{13} = 748,6$.

|  | Trouvé | | | | Calculé pour $C^{10}H^{11}Az^3$ |
|---|---|---|---|---|---|
|  | I. | II. | III. | IV. | |
| C.... | 69,20 | 69,27 |  |  | 69,36 |
| H.... | 6,43 | 6,59 |  |  | 6,35 |
| Az... |  |  | 24,10 | 24,34 | 24,27 |

## Phénylhydrazone du cyanure de propionyle.

Phénylhydrazone, 2, butane nitrile, 1.

$$C^6H^5Az \underset{H}{-} Az = C \Big\langle {}^{CAz}_{CH^3-CH^3}$$

Dans les réactions qui ont donné naissance aux hydrazones du nitrile pyruvique, le groupe $CH^3$ du méthylcyanacétate de méthyle reste fixé au carbone central du corps primitif.

Si la réaction se passe de la même façon avec l'éthylcyanacétate d'éthyle, les corps qui résulteront de l'action de cet éther sur les chlorures diazoïques seront les hydrazones du cyanure de propionyle.

100 centimètres cubes de dissolution normale de chlochydrate d'aniline à trois molécules d'acide chlorhydrique par litre, sont diazotés comme à l'ordinaire. Le chlorure de diazobenzène produit est additionné de 14,20 d'éthylcyanacétate d'éthyle, puis de soude jusqu'à réaction alcaline, et le tout est maintenu à zéro pendant plusieurs heures. Il se sépare alors une couche huileuse, qui se prend en masse au bout de quelques jours.

En opérant en solution acétique on obtient une réaction aussi nette en même temps qu'on évite la formation d'un certain nombre d'impuretés, mais pour provoquer la cristallisation de l'huile séparée il faut toujours ajouter de la soude étendue.

Quel que soit le mode opératoire suivi, le produit brut est dissous dans l'alcool et soumis à la cristallisation. Les cristaux jaunes obtenus fondent à 81-82° et ont la composition de la phénylhydrazone du cyanure de propionyle dont la production s'explique par l'équation :

$$C^6H^5Az - Az - OH + \underset{CO^2C^2H^5}{\overset{CAz}{CH - CH^2 - CH^3}} =$$

$$C^6H^5Az \underset{H}{-} Az = C \Big\langle {}^{CAz}_{CH^2-CH^3} + CO^2 + C^2H^5OH$$

La solution alcoolique de ce corps, additionnée de soude aqueuse et chauffée jusqu'à cessation de dégagement de gaz ammoniac, donne un liquide qui renferme le phénylhydrazone. 2. butane oïque. 1, déjà obtenu par Francis Japp et Klingemann (1).

On peut conclure de là que le corps fondant à 81° est bien le phénylhydrazone. 2. butane nitrile. 1, ou phénylhydrazone du cyanure de propionyle ; sa transformation dans le produit découvert par Francis Japp et Klingemann, n'ayant pu être accompagnée de transposition moléculaire puisqu'elle s'est effectuée en solution alcaline.

L'exactitude de la réaction précédente se trouve encore confirmée par la production du gaz carbonique, qui s'observe quand on opère soit en solution alcaline soit en solution acétique.

Comme pour la phénylhydrazone du cyanure d'acétyle, il a été impossible d'obtenir un deuxième isomère par l'action du chlorure d'acétyle, de benzoyle, de l'anhydride acétique.

Les résultats sont encore négatifs si l'on sature les solutions alcooliques alcalines de la phénylhydrazone du cyanure de propionyle par l'acide chlorhydrique ou carbonique. Dans les deux cas, on obtient le corps fondant à 81-82°.

Enfin, l'éthylate de sodium ajouté à la solution alcoolique du produit ne donne encore par évaporation que les cristaux primitifs fondant à 81-82°. Rendement en produit brut, 31 p. 100.

Analyse.

I. 0,2158 de substance ont donné 0,1256 $H^2O$ et 0,5428 $CO^2$.

II. 0,2671 de substance ont donné 0,1556 $H^2O$ et 0,6789 $CO^2$.

III. 0,1658 de substance ont donné 35$^{cc}$,2 d'azote à 18° $H_g$ = 752,7.

IV. 0,1750 de substance ont donné 37$^{cc}$,8 d'azote à 16° $H_g$ = 750,5.

| | Trouvé | | | | Calculé pour $C^{10}H^{11}Az^3$ |
|---|---|---|---|---|---|
| | I. | II. | III. | IV. | |
| C.... | 69,23 | 69,22 | | | 69,36 |
| H.... | 6,53 | 6,54 | | | 6,35 |
| Az... | | | 24,29 | 24,27 | 24,27 |

<hr>

(1) Francis Japp et Klingemann, B. D. Ch. g., t. XX, p. 2942, ann. 1887.

*Détermination du poids moléculaire.*

Phénylhydrazone du cyanure de propionyle...    $1^{gr},2601$
Phénol....    54,58
Abaissement observé....    0,98
Poids moléculaire trouvé,....    179
Poids moléculaire calculé pour $C^{10}H^{11}Az^3$....    173

## Paratoluylhydrazone du cyanure de propionyle.

Paratoluylhydrazone, 2, butane nitrile, 1.

$$CH^3C^6H^4Az \overset{H}{\diagup} - Az = C \diagup^{CAz}_{CH^2CH^4}$$
$$(1) \qquad (0)$$

Il suffit, pour l'obtenir, de remplacer dans la préparation du corps précédent 100 centimètres cubes d'aniline normale par un égal volume de solution contenant 107 grammes de paratoluidine et 6 molécules d'acide chlorhydrique par litre.

En maintenant les corps réagissant à la température de zéro pendant plusieurs heures, on provoque la séparation d'une couche huileuse qui se solidifie par addition de soude diluée. La partie solide, dissoute dans l'alcool, donne par évaporation de ce dernier des cristaux pulvérulents fondant à 143-144°.

Rendement, 25 p. 100 en produit brut.

### Analyse.

I. 0,3432 de substance ont donné 0,2175 $H^2O$ et 0,8889 $CO^2$.
II. 0,2987 de substance ont donné 0,1854 $H^2O$ et 0,7584 $CO^2$.
III. 0,1819 de substance ont donné $35^{cc},5$ d'azote à $14°$ $H_{13} = 747,2$.

|     | Trouvé | | | Calculé pour $C^{11}H^{13}Az^3$ |
| --- | --- | --- | --- | --- |
|     | I. | II. | III. | |
| C.... | 70,62 | 70,42 | | 70,59 |
| H.... | 7,04 | 7,11 | | 6,95 |
| Az.... | | | 22,54 | 22,45 |

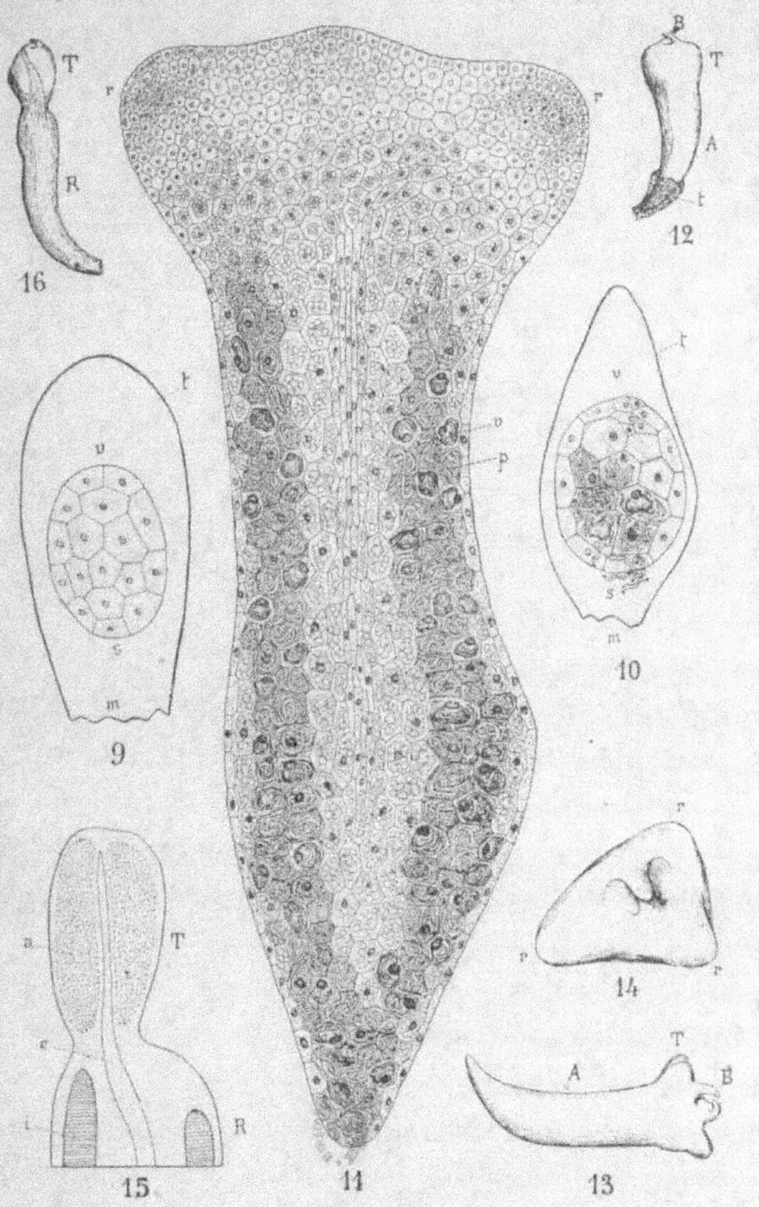

N. Bernard del.

Imp. Le Bigot.

Bertin sc.

Neottia Nidus-avis.

### Orthotoluylhydrazone du cyanure de propiouyle.

Orthotoluylhydrazone, 2. lactam nitrile, 1.

$$CH^3C^6H^4Az \overset{H}{-} Az = C \overset{CAz}{<}_{CH^2CH^3}$$

(1)        (2)

La préparation de ce corps n'offre rien de particulier, si ce n'est que les rendements sont plus faibles que pour les corps précédents et n'atteignent que 15 p. 100.

Cristaux jaunes fondant à 114-115°.

Analyse.

I. 0,3725 de substance ont donné 0,2398 $H^2O$ et 0,9609 $CO^2$.
II. 0,1457 de substance ont donné 28cc,6 d'azote à 14° $H_{(2}$ = 743,3.
III. 0,1923 de substance ont donné 37cc,8 d'azote à 16° $H_{(2}$ = 745,6.

| | Trouvé | | | Calculé pour $C^{12}H^{13}Az^3$ |
|---|---|---|---|---|
| | I. | II. | III. | |
| C....... | 70,54 | | | 70,59 |
| H....... | 7,15 | | | 6,95 |
| Az...... | | 22,53 | 22,42 | 22,45 |

De l'étude qui a été faite dans ce chapitre, il résulte que la réaction des éthers alcoylcyanacétiques sur les chlorures diazoïques est générale et qu'elle donne naissance à des hydrazones, en même temps qu'il y a élimination d'acide carbonique et d'alcool. Dans aucun cas on n'observe la production d'un azoïque mixte stable, bien que les conditions relatives à leur formation soient aussi favorables que possible. La conclusion de ce fait est que les azoïques mixtes de ce type n'existent pas, ou que, dans tous les cas, ils sont immédiatement décomposés par l'eau.

Les dérivés alcoylés des benzène-azocyanacétates sont, au contraire, très stables, puisque l'action de la potasse concentrée a simplement pour effet de les saponifier. Ils doivent, dès lors, avoir une constitution différente de celle d'un azoïque mixte, et ne peuvent être, par suite, que des hydrazones.

L'étude de l'action des éthers acidylcyanacétiques, comme celle des éthers alcoylcyanacétiques sur les chlorures diazoïques, aboutit donc au même résultat, savoir :

Les dérivés de substitution des benzène-azocyanacétates sont des hydrazones, comme les benzène-azocyanacétates eux-mêmes.

# DEUXIÈME PARTIE

## Action des éthers maloniques sur les chlorures diazoïques et tétrazoïques

Les premières recherches sur l'action des chlorures diazoïques sur les éthers maloniques sont dues à Richard Meyer (1).

En faisant réagir le chlorure de diazobenzène sur le malonate d'éthyle en solution neutre ou alcaline, l'auteur obtint une combinaison à laquelle il donna le nom de benzène-azomalonate d'éthyle, et qui saponifiée par les alcalis, lui fournit l'acide benzène-azomalonique fondant à 164°.

Ce corps a le même point de fusion que celui décrit par Fischer (2), résultant de l'action de la phénylhydrazine sur l'acide mésoxalique, et constitue par suite le phénylhydrazone mésoxalique.

Plus tard, von Pechmann (3) reprit cette étude et fit voir qu'en chauffant l'acide benzène-azomalonique avec de l'anhydride acétique, on obtient un dérivé acétylé ce qui, d'après lui, ne peut s'expliquer que si le corps de Richard Meyer est une hydrazone. Il montra de plus que l'action du malonate d'éthyle sur le chlorure de diazobenzène donne naissance à une série de composés, auxquels il donna le nom de dérivés formazyliques et qui se produisent en particulier quand on effectue la réaction en solution fortement alcaline.

(1) Richard Meyer, B. D. C. g., t. XXIV, p. 1211, ann. 1891.

(2) Fischer, B. D. C. g., t. XVII, p. 572, ann. 1884.

(3) Von Pechmann, B. D. C. g., t. XXV, p. 3175, ann. 1892.

Enfin, Edgard Wedekind (1), dans une série de recherches sur les dérivés cycloformazyliques, fut amené à faire réagir le chlorure de tétrazodiphényle sur l'acide malonique, mais n'obtint de cette façon qu'une poudre rouge, impossible à purifier, et qu'il crut cependant être l'hydrure de cyclodiphénylformazyle.

La facilité avec laquelle les éthers cyanacétiques réagissent sur les chlorures tétrazoïques, m'a engagé à essayer des réactions du même genre avec les éthers maloniques.

Cette étude comprendra :

1° Action des éthers maloniques sur les chlorures tétrazoïques ;

2° Action des éthers alcoylmaloniques sur les chlorures diazoïques.

(1) Edgard Wedekind, *Ann. Ch.*, t. CCXCV, p. 334, ann. 1896.

# CHAPITRE I$^{er}$

## Action des éthers maloniques sur les chlorures tétrazoïques.

### Diphényldihydrazone-malonate d'éthyle.

Diphényldihydrazone. 2. propane dioate d'éthyle. 1. 3.

$$
C^6H^4Az\!\!\begin{array}{c} H \\ \diagup \\ \end{array}\!\!- Az = C \diagup^{CO^2C^2H^5}_{\diagdown CO^2C^2H^5}
$$

$$
C^6H^4Az\!\!\begin{array}{c} H \\ \diagup \\ \end{array}\!\!- Az = C \diagup^{CO^2C^2H^5}_{\diagdown CO^2C^2H^5}
$$

En essayant de faire réagir la malonate d'éthyle sur le chlorure de tétrazodiphényle en solution alcaline, je n'ai obtenu qu'un produit instable et dégageant de l'azote quand on essaye de le dissoudre à chaud dans les dissolvants usuels. L'impossibilité de purifier ce corps m'a obligé à en abandonner l'étude.

On arrive à des résultats tout différents, si on effectue la réaction en solution acétique.

9 gr. 40 de benzidine sont dissous dans un mélange de 50 centimètres cubes d'acide chlorhydrique et 500 centimètres cubes d'eau. Le mélange, additionné de glace et peu à peu de 100 centimètres cubes de nitrite de soude normal, fournit du chlorure de tétrazodiphényle qui est amené en solution acétique, en y versant 100 grammes d'acétate de soude dissous dans 250 centimètres cubes d'eau.

Si l'on verse alors 16 gr. de malonate d'éthyle dans la solution du chlorure tétrazoïque, on voit bientôt apparaître après agitation du mélange pendant quelques instants, un volumineux précipité jaune clair. Ce dernier, lavé et séché à l'étuve, se dissout légèrement dans l'alcool, la benzine et beaucoup mieux dans le toluène, le xylène, la nitrobenzine, l'aniline.

Des solutions chaudes dans le toluène il se sépare par refroidissement un précipité cristallin impur. En le soumettant à une nouvelle cristallisation dans le même dissolvant, on obtient des petites lamelles jaunes brillantes, fondant à 178-180° et ayant la composition du diphényldihydrazone malonate d'éthyle, qui aurait pris naissance d'après l'équation :

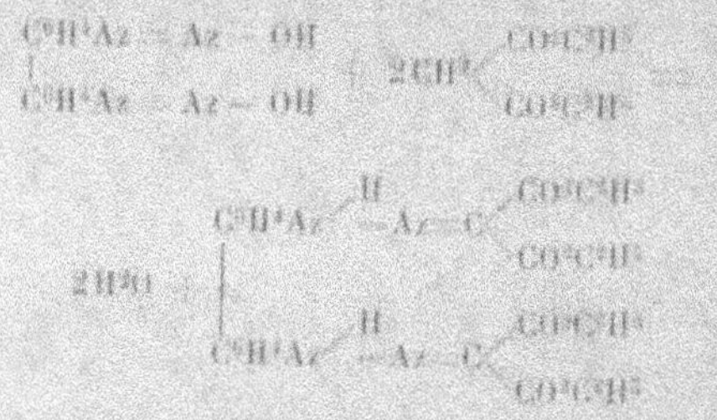

$$\begin{array}{l} C^6H^5Az = Az - OH \\ \quad | \\ C^6H^5Az - Az - OH \end{array} \quad 2CH^2\begin{array}{l} CO^2C^2H^5 \\ CO^2C^2H^5 \end{array}$$

$$2H^2O \left| \begin{array}{l} C^6H^5Az - Az = C\begin{array}{l} H \\ \\ \end{array}\begin{array}{l} CO^2C^2H^5 \\ CO^2C^2H^5 \end{array} \\ \\ C^6H^5Az - Az = C\begin{array}{l} H \\ \\ \end{array}\begin{array}{l} CO^2C^2H^5 \\ CO^2C^2H^5 \end{array} \end{array}\right.$$

Ce corps ne se dissout pas comme les dihydrazones des éthers cyanacétiques dans les solutions alcalines aqueuses ou alcooliques.

Bien qu'il ne soit pas possible ici d'obtenir des isomères stéréochimiques, en raison de la symétrie des groupes reliés à l'azote, j'ai cependant essayé l'action des agents d'isomérisation habituels : anhydride acétique, chlorure d'acétyle, chlorure de benzoyle, xylène, etc.

Le résultat a été constamment négatif et montre que s'il existe deux formes de ce corps l'une azoïque, l'autre hydrazone, il est impossible de passer de l'une a l'autre, par l'action de ces réactifs.

On arrive encore au même résultat, en faisant agir le gaz carbonique ou les acides minéraux dilués sur le dérivé sodé, en suspension dans l'eau.

#### Analyse.

I. 0,2750 de substance ont donné 0,1583 $H^2O$ et 0,5973 $CO^2$.
II. 0,3142 de substance ont donné 0,1660 $H^2O$ et 0,6853 $CO^2$.
III. 0,2255 de substance ont donné 22$^{cc}$ d'azote à 23 $H_a = 742$.
IV. 0,2245 de substance ont donné 22$^{cc}$ d'azote à 22 $H_a = 749$.

| | Trouvé | | | | Calculé pour $C^{25}H^{30}Az^4O^8$ |
|---|---|---|---|---|---|
| | I. | II. | III. | IV. | |
| C .... | 59,23 | 59,47 | | | 59,91 |
| H .... | 5,99 | 5,86 | | | 5,70 |
| Az ... | | | 10,68 | 10,88 | 10,64 |

*Détermination du poids moléculaire.*

Substance................................................ 3$^{gr}$,7790
Phénol.................................................. 52$^{gr}$,3701
Abaissement du point de congélation du dissolvant.. 1°,04
Poids moléculaire trouvé............................ 542
Poids moléculaire calculé pour $C^{25}H^{30}Az^4O^8$......... 526

### Diphényldihydrazone-sodé-malonate d'éthyle.

Diphényldihydrazone-sodé, 2, propane disoate d'éthyle. 1, 3.

$$C^6H^4Az \overset{Na}{\phantom{-}} - Az = C \Big\langle \begin{matrix} CO^2C^2H^5 \\ CO^2C^2H^5 \end{matrix}$$

$$C^6H^4Az \overset{Na}{\phantom{-}} - Az = C \Big\langle \begin{matrix} CO^2C^2H^5 \\ CO^2C^2H^5 \end{matrix}$$

Bien que le diphényldihydrazone-malonate d'éthyle soit insoluble dans les solutions alcalines aqueuses ou alcooliques, il est cependant possible d'obtenir un dérivé disodé de ce corps. On y arrive facilement, en dissolvant 0,92 de sodium dans 150 centimètres cubes d'alcool absolu et en versant dans l'alcoolate de sodium, ainsi formé, 7,32 de diphényldihydrazone-malonate d'éthyle réduit en poudre fine. Après agitation, on obtient une poudre rouge jaunâtre, qui desséchée, se dissout légèrement dans l'acétone, l'alcool et la pyridine.

Le dérivé sodé se sépare par évaporation de sa solution dans la pyridine, sous forme d'une poudre rougeâtre cristalline.

En le laissant en contact pendant plusieurs jours avec une grande quantité d'eau, on observe qu'il y a décomposition : le liquide surnageant est devenu fortement alcalin et la poudre restante est presque complètement formée de diphényldihydrazone-malonate d'éthyle.

Mis en suspension dans divers solvants, alcool, benzène, toluène, acétone, en présence d'un iodure alcoolique, il ne donne pas, après chauffage plus ou moins prolongé, les dérivés méthylés, éthylés, du diphényldihydrazone-malonate d'éthyle, comme on devait s'y attendre. On constate, dans tous les cas, que le dérivé sodé a été décomposé et qu'il y a eu régénération du diphényldihydrazone-malonate d'éthyle, qui est alors souillé d'impuretés. Les résultats ne sont pas meilleurs, en remplaçant les iodures alcooliques par le sulfate de méthyle et en évitant l'emploi des liquides destinés à mettre le dérivé sodé en suspension.

Enfin, les chlorures à radicaux acides ne donnent pas non plus de dérivés de substitution, mais bien le diphényldihydrazone-malonate d'éthyle très impur.

### Analyse.

1,2370 de substance ont donné 0,3047 de $SO^4Na^2$ ce qui correspond à Na = 7,97 °/₀.

Calculé pour $C^{25}H^{22}Az^4O^8Na^2$    Na = 8,07.

## Diphényldihydrazone-acide malonique.

Diphényldihydrazone, 2, propane dioïque, 1, 3.

$$C^6H^5Az \overset{\displaystyle H}{-} Az = C \Big\langle {}^{CO^2H}_{CO^2H}$$

$$C^6H^5Az \overset{\displaystyle H}{-} Az = C \Big\langle {}^{CO^2H}_{CO^2H}$$

On sait que l'acide malonique se décompose assez facilement par ébullition avec un excès d'alcali. Il semblait donc peu probable qu'il fût possible de réaliser la saponification du diphényldihydrazone-malonate d'éthyle. On y arrive cependant, avec facilité, en opérant en solution alcoolique.

10 grammes de diphényldihydrazone malonate d'éthyle sont chauffés pendant une demi heure au bain-marie, avec 100 centimètres cubes d'alcool tenant en dissolution 10 gr. de soude caustique. Après refroidissement, le contenu du ballon est étendu de quatre à cinq fois son volume d'eau.

La dissolution rouge ainsi obtenue est additionnée d'acide chlorhydrique en excès, qui détermine la formation d'un volumineux précipité jaune. Après lavage, ce dernier est dissous dans la soude étendue et le liquide résultant est précipité par l'alcool. En recommençant cette série d'opérations une deuxième fois, on finit par obtenir une poudre jaune clair, insoluble dans les dissolvants usuels à froid. Mais, chose remarquable, quand on essaye de la dissoudre à chaud, soit au moyen de l'alcool, du toluène ou de tout autre dissolvant, on observe que le corps subit une décomposition profonde, avec mise en liberté de gaz carbonique.

L'analyse a donc dû être effectuée sur le produit amorphe, mais purifiée par plusieurs précipitations par l'alcool.

Les solutions alcalines, aqueuses de l'acide portées à l'ébullition même pendant très peu de temps, dégagent par addition d'acides minéraux de l'acide carbonique. J'ai, en vain, essayé de préparer le dérivé hexasodé par dissolution de cet acide dans un excès de soude et évaporation dans le vide. On obtient ainsi une masse amorphe qui, lavée à l'alcool (pour enlever l'excès de soude), laisse comme résidu une poudre jaune ayant à peu près la composition du diphényldihydrazone-malonate de sodium, c'est-à-dire du dérivé tétrasodé de l'acide.

Le même sel s'obtient encore en précipitant la solution alcaline de l'acide par l'alcool.

Ainsi les deux procédés suivis n'ont pas permis d'obtenir le diphényldihydrazone-malonate de sodium disodé.

Cela provient évidemment de ce que le corps est décomposé par l'eau et que l'addition d'alcool n'empêche pas cette décomposition.

Comme on le voit, les atomes d'azote du diphényldihydrazone-acide malonique paraissent retenir bien faiblement le sodium qui y est fixé.

Il n'est dès lors pas surprenant que les tentatives faites dans le but d'obtenir des dérivés alcoylés ou acidylés des éthers de cet acide aient échoué.

### Analyse

I. 0,3453 de substance ont donné 0,1112 $H_2O$ et 0,6629 $CO_2$.

II. 0,2978 de substance ont donné 0,0981 $H_2O$ et 0,5719 $CO_2$.

III. 0,1755 de substance ont donné $21^{cc},3$ d'azote à 22 $H_g$ = 749,3.

IV. 0,1941 de substance ont donné 24,0 d'azote à 23 $H_g$ = 747,8.

| | Trouvé | | | | Calculé pour |
| --- | --- | --- | --- | --- | --- |
| | I. | II. | III. | IV. | $C^{18}H^{18}Az^4O^8$ |
| C.... | 52,28 | 52,36 | | | 52,17 |
| H.... | 3,57 | 3,65 | | | 3,38 |
| Az... | | | 13,66 | 13,67 | 13,52 |

## Diphényldihydrazone-malonate de méthyle.

Diphényldihydrazone, 2. propane-dioate de méthyle, 1, 3.

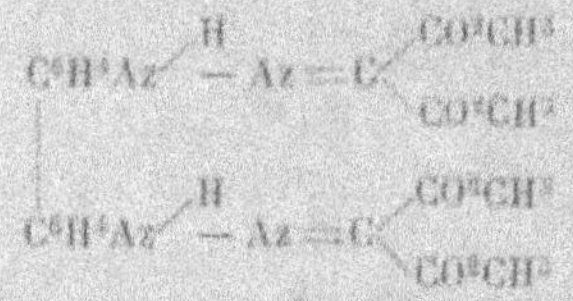

$$
\begin{array}{l}
C^6H^5Az \overset{H}{-} Az = C \big\langle \begin{array}{l} CO^2CH^3 \\ CO^2CH^3 \end{array} \\[2ex]
C^6H^5Az \overset{H}{-} Az = C \big\langle \begin{array}{l} CO^2CH^3 \\ CO^2CH^3 \end{array}
\end{array}
$$

Ce corps s'obtient en versant 26 gr. 40 de malonate de méthyle dans une solution acétique de 1/10e de molécule de chlorure de tétrazodiphényle obtenu comme nous l'avons déjà vu. Après lavage et dessication, il se présente sous la forme d'une poudre jaune clair, insoluble dans l'alcool et l'éther. Par cristallisation dans le toluène chaud ou le xylène, on obtient des petits cristaux de couleur jaune fondant à 217-220° et présentant la composition du diphényldihydrazone-malonate de méthyle, dont la formation s'explique par une équation analogue à celle déjà donnée pour le premier terme précédemment décrit.

Comme le diphényldihydrazone-malonate d'éthyle, il fournit par agitation avec le méthylate de sodium, un dérivé sodé insoluble dans l'eau et l'alcool et ne réagissant ni sur les iodures alcooliques, ni sur les chlorures acides d'une façon normale.

### Analyse.

I. 0,2876 de substance ont donné 0,1225 $H^2O$ et 0,5931 $CO^2$.

II. 0,2943 de substance ont donné 0,1267 $H^2O$ et 0,6081 $CO^2$.

III. 0,1932 de substance ont donné 20$^{cc}$,2 d'azote 16° $H_0$ = 749,8.

IV. 0,2082 de substance ont donné 21$^{cc}$,4 d'azote à 15° $H_0$ = 749,7.

| | Trouvé | | | | Calculé pour $C^{24}H^{22}Az^4O^8$ |
|---|---|---|---|---|---|
| | I. | II. | III. | IV. | |
| C.... | 56,23 | 56,32 | | | 56,17 |
| H.... | 4,87 | 4,78 | | | 4,68 |
| Az... | | | 11,99 | 11,84 | 11,91 |

## O. Ditolyldihydrazone - malonate d'éthyle.

O. Ditolyldihydrazone. 2. propane dioate d'éthyle. 1. 3.

$$CH^3 - C^6H^3Az \overset{H}{\diagup} - Az = C \diagup{CO^2C^2H^5}_{CO^2C^2H^5}$$

$$CH^3 - C^6H^3Az \overset{H}{\diagup} - Az = C \diagup{CO^2C^2H^5}_{CO^2C^2H^5}$$

10 gr. 60 de tolidine sont dissous dans un mélange de 50 centimètres cubes d'acide chlorhydrique et 500 centimètres cubes d'eau. La dissolution additionnée de glace, puis peu à peu de 100 centimètres cubes de nitrite de soude normal, fournit le chlorure de tétrazodiphényle.

Après avoir ajouté à la solution un excès d'acétate de soude, on y verse 16 gr. de malonate d'éthyle. Le liquide vivement agité se trouble et laisse déposer un précipité jaune floconneux, qui, après lavage prolongé, est desséché à l'étuve.

La poudre jaune ainsi obtenue se dissout un peu dans l'alcool concentré, beaucoup mieux dans le toluène, le xylène, la nitrobenzine, l'aniline, le chloroforme et l'acétone. Des dissolutions chaudes dans l'un de ces liquides, il se sépare par refroidissement ou évaporation, des petits cristaux rouges orangés fondant à 188-190°, ayant la composition du ditolyl-dihydrazone-malonate d'éthyle, dont l'équation suivante explique la formation :

$$CH^3 - C^6H^3Az = Az - OH$$
$$| \qquad\qquad + 2\,CH^2 <^{CO^2C^2H^5}_{CO^2C^2H^5} =$$
$$CH^3 - C^6H^3Az = Az - OH$$

$$2\,H^2O + \begin{array}{c} CH^3-C^6H^3Az-Az=C<^{H}_{}{}^{CO^2C^2H^5}_{CO^2C^2H^5} \\ | \\ CH^3-C^6H^3Az-Az=C<^{H}_{}{}^{CO^2C^2H^5}_{CO^2C^2H^5} \end{array}$$

Comme les diphènyldihydrazones-malonates décrits, il ne se dissout pas dans les solutions alcalines et n'est pas transformé en un autre isomère par l'action des corps utilisés habituellement dans ce but.

Rendement en produit brut 80 p. 100.

Analyse.

I. 0,2947 de substance ont donné 0,1663 $H^2O$ et 0,6572 $CO^2$.

II. 0,3178 de substance ont donné 0,1822 $H^2O$ et 0,7090 $CO^2$.

III. 0,3274 de substance ont donné 29$^{cc}$,6 d'azote à 22° $H_{Az} = 748$.

| | Trouvé | | | Calculé pour $C^{29}H^{32}Az^4O^8$ |
|---|---|---|---|---|
| | I. | II. | III. | |
| C...... | 60,81 | 60,83 | | 60,84 |
| H...... | 6,26 | 6,36 | | 6,43 |
| Az...... | | | 9,99 | 10,10 |

## O. Ditolyldihydrazone-sodé-malonate d'éthyle.

O. Ditolyldihydrazone-sodé, 2, propane dioate d'éthyle, 1, 3.

$$CH^3 - C^6H^3Az \stackrel{Na}{-} Az = C <^{CO^2C^2H^5}_{CO^2C^2H^5}$$
$$|$$
$$CH^3 - C^6H^3Az \stackrel{Na}{-} Az = C <^{CO^2C^2H^5}_{CO^2C^2H^5}$$

Il s'obtient en versant 9 gr. 44 de ditolyldihydrazone malonate d'éthyle dans une solution de 0 gr. 92 de sodium dans 150 centimètres cubes d'alcool absolu. La poudre prend aussitôt une teinte rouge foncée et se transforme en dérivé sodé qu'il suffit de laver à l'alcool et de faire cristalliser ensuite dans l'acétone ou la pyridine. Par évaporation du dissolvant, il reste des petits cristaux rouges, décomposables par l'eau.

Ce dérivé, traité par les iodures alcooliques, ne fournit pas de produits de substitution alcoylés. Le résultat est le même si on le transforme en combinaison argentique et que l'on fasse ensuite agir sur ce dernier les iodures alcooliques. Dans tous les cas, on ne retire du résidu de l'opération que le ditolyldihydrazone-malonate d'éthyle très impur.

### Analyse.

0,9853 de substance ont donné 0,2318 de $SO^4Na^2$.
Ce qui correspond à $Na = 7,62$.
Calculé pour $C^{28}H^{32}Az^4O^8Na^2 = 7,69$.

## O. Ditolyldihydrazone-acide malonique.

o. Ditolyldihydrazone, 2. propane dioïque. 1. 3.

$$CH^3 — C^6H^9Az' \overset{H}{—} Az = C \overset{CO^2H}{\underset{CO^2H}{<}}$$

$$CH^3 — C^6H^4Az' \overset{H}{—} Az = C \overset{CO^2H}{\underset{CO^2H}{<}}$$

10 grammes de ditolyldihydrazone-malonate d'éthyle sont mélangés à 100 centimètres cubes d'alcool tenant en dissolution 10 grammes de soude caustique. Le liquide, porté à l'ébullition pendant vingt minutes, est étendu de quatre à cinq fois son volume d'eau, filtré, puis additionné d'acide chlorhydrique jusqu'à réaction acide. Après lavage du précipité, redissolution dans la soude étendue et précipitation par l'alcool, il reste une poudre jaune clair bien plus stable que la diphényldihydrazone de l'acide malonique. On peut, en effet, la chauffer avec l'alcool, l'acétone, le toluène, sans provoquer de décomposition.

Les solutions alcalines de cet acide, portées à l'ébullition, se décomposent lentement et donnent par addition d'acide minéral un dégagement de gaz carbonique.

Grâce à sa stabilité, il m'a été possible de l'obtenir cristallisé par dissolution à chaud dans l'acétone et évaporation lente du dissolvant. On obtient, de cette façon, des petites lamelles de couleur orangée qui se décomposent sans fondre vers 195-200°.

Les dissolutions de cet acide dans la soude aqueuse étendue, évaporées dans le vide ne donnent pas de cristaux du sel hexasodé ; mais en reprenant le résidu par l'alcool concentré, on finit par obtenir une poudre jaune clair insoluble dans l'eau, l'alcool, présentant à peu près la composition du sel tétrasodé. On arrive au même résultat, en précipitant par un excès d'alcool la solution de l'acide dans un excès de soude.

### Analyse.

I. 0,3645 de substance ont donné 0,1387 $H^2O$ et 0,7247 $CO^2$.
II. 0,3279 de substance ont donné 0,1272 $H^2O$ et 0,6582 $CO^2$.
III. 0,2194 de substance ont donné $24^{cc},8$ à 14° Hg = 745,7.
IV. 0,1641 de substance ont donné $18^{cc}$ à 17° Hg = 759,6.

| | Trouvé | | | | Calculé pour $C^{30}H^{30}Az^4O^4$ |
|---|---|---|---|---|---|
| | I. | II. | III. | IV. | |
| C.... | 54,21 | 54,36 | | | 54,29 |
| H.... | 4,22 | 4,30 | | | 4,07 |
| Az... | | | 12,77 | 12,52 | 12,66 |

### 0. Ditolyldihydrazone-malonate de méthyle.

0. Ditolyldihydrazone, E. propane dioate d'éthyle, I. B.

$$CH^3 - C^6H^3Az' - Az = C \begin{cases} H \\ CO^2CH^3 \\ CO^2CH^3 \end{cases}$$

$$CH^3 - C^6H^3Az' - Az = C \begin{cases} H \\ CO^2CH^3 \\ CO^2CH^3 \end{cases}$$

Ce corps se prépare comme le ditolyldihydrazone-malonate d'éthyle, en remplaçant simplement dans la préparation 16 gr. de malonate d'éthyle par 13 gr. 20 de malonate de méthyle.

La poudre jaune obtenue, après dessication, se dissout dans la nitrobenzine à chaud, qui abandonne par refroidissement des petits cristaux rougeâtres, groupés en faisceaux et qui, exposés à l'air, perdent leur transparence. Point de fusion 210-212°.

Rendement en produit brut 84 p. 100.

### Analyse.

I. 0,3012 de substance ont donné 0,1490 $H^2O$ et 0,6404 $CO^2$.

II. 0,3368 de substance ont donné 0,1655 $H^2O$ et 0,5103 $CO^2$.

III. 0,1651 de substance ont donné $16^{cc},5$ d'azote à 12° $H_b$ = 739,3.

| | Trouvé | | | Calculé pour $C^{28}H^{32}Az^4O^8$ |
|---|---|---|---|---|
| | I. | II. | III. | |
| C...... | 57,98 | 57,68 | | 57,83 |
| H...... | 5,49 | 5,43 | | 5,22 |
| Az..... | | | 11,30 | 11,24 |

### O. Dianisyldihydrazone-malonate d'éthyle.

O. Dianisyldihydrazone, 2. propane dioate d'éthyle. 1. 3.

$$CH^3O-C^6H^3Az\ \overset{H}{-}\ Az=C\Big\langle\begin{matrix}CO^2C^2H^5\\ CO^2C^2H^5\end{matrix}$$
$$|$$
$$CH^3O-C^6H^3Az\ \overset{H}{-}\ Az=C\Big\langle\begin{matrix}CO^2C^2H^5\\ CO^2C^2H^5\end{matrix}$$

12 gr. 20 de dianisidine sont dissous dans un mélange de 50 centimètres cubes d'acide chlorhydrique et 500 centimètres cubes d'eau. La dissolution refroidie et diazotée par la quantité convenable de nitrite de soude, est abandonnée à elle-même pendant quelques heures à zéro. Il faut, autant que possible, éviter de diluer les liquides sous peine de retarder notablement la diazotation. Après addition d'acétate de soude en excès, on verse dans le liquide 16 gr. de malonate d'éthyle et l'on continue la préparation comme pour les dérivés analogues déjà décrits.

Par cristallisations répétées dans le xylène, on finit par obtenir des cristaux de couleur orangée, fondant à 190-192°, qui

constituent le dianysyldihydrazone-malonate d'éthyle, qui a
pris naissance par l'action de deux molécules d'éther malonique sur une de chlorure de tétrazodianisyle.

**Analyse.**

I. 0,2843 de substance ont donné 0,1528 $H^2O$ et 0,5986 $CO^2$.
II. 0,3487 de substance ont donné 0,1889 $H^2O$ et 0,7350 $CO^2$.
III. 0,1875 de substance ont donné 15cc,6 d'azote à 13° $H_{17}$ = 737,6.
IV. 0,2134 de substance ont donné 18cc,2 d'azote à 14° $H_{18}$ = 737,5.

| | Trouvé | | | | Calculé pour $C^{28}H^{34}Az^4O^{10}$ |
|---|---|---|---|---|---|
| | I. | II. | III. | IV. | |
| C.... | 57,41 | 57,48 | | | 57,33 |
| H.... | 5,97 | 6,01 | | | 5,80 |
| Az... | | | 9,43 | 9,71 | 9,55 |

## O. Dianisyldihydrazone-sodé-malonate d'éthye.

O. Dianisyldihydrazone-sodé, 2, propane-dioate d'éthyle, 1, 3.

$$CH^3O - C^6H^3Az \overset{Na}{\underset{}{\longleftarrow}} - Az = C\Big\langle \begin{matrix} CO^2C^2H^5 \\ CO^2C^2H^5 \end{matrix}$$
$$CH^3O - C^6H^3Az \overset{Na}{\underset{}{\longleftarrow}} - Az = C\Big\langle \begin{matrix} CO^2C^2H^5 \\ CO^2C^2H^5 \end{matrix}$$

Il s'obtient à l'état anhydre, en versant 10 gr. de dianisyl-
dihydrazone-malonate d'éthyle dans une dissolution de 0,92 de
sodium dans l'alcool absolu. La poudre rouge, dissoute dans la
pyridine ou l'acétone fournit, par évaporation, le dérivé disodé
sous forme de cristaux pulvérulents rougeâtres.

**Analyse**

0,8954 de substance ont donné 0,2907 de $SO^4Na^2$.
Quantité correspondante de sodium = 7,23 %.
Calculé pour $C^{28}H^{32}Az^4O^{10}Na^2$  Na = 7,39 %.

## O. Dianisyldihydrazone-malonate de méthyle.

O. Dianisyldihydrazone, 2, propane dioate de méthyle. 1. 3.

$$\text{CH}^3\text{O} - \text{C}^6\text{H}^3\text{Az} \overset{\text{H}}{\diagup} - \text{Az} = \text{C} \diagup\diagdown \genfrac{}{}{0pt}{}{\text{CO}^2\text{C}^2\text{H}^3}{\text{CO}^2\text{C}^2\text{H}^3}$$

$$\text{CH}^3\text{O} - \text{C}^6\text{H}^3\text{Az} \overset{\text{H}}{\diagup} - \text{Az} = \text{C} \diagup\diagdown \genfrac{}{}{0pt}{}{\text{CO}^2\text{C}^2\text{H}^3}{\text{CO}^2\text{C}^2\text{H}^3}$$

Ce corps se prépare comme son homologue supérieur par l'action de deux molécules de malonate de méthyle sur une molécule de chlorure de tétrazodianisyle en solution acétique.

Il se distingue par son insolubilité dans les réactifs généraux, ne cristallise que par refroidissement de ses solutions dans l'aniline chaude, et se présente sous forme de cristaux jaunes, fondant à 268-270°.

Rendement en produit brut 71 p. 100.

### Analyse.

I. 0,3149 de substance ont donné 0,1543 $H^2O$ et 0,6295 $CO^2$.
II. 0,3459 de substance ont donné 0,1601 $H^2O$ et 0,6892 $CO^2$.
III. 0,1749 de substance ont donné $16^{cc},2$ d'azote à $12°$ $H_{17} = 733,7$.

| | Trouvé | | | Calculé pour $C^{33}H^{36}Az^4O^{10}$ |
|---|---|---|---|---|
| | I. | II. | III. | |
| C........ | 54,47 | 54,33 | | 54,33 |
| H........ | 5,09 | 5,13 | | 4,90 |
| Az...... | | | 10,58 | 10,36 |

De l'étude qui vient d'être faite, il résulte que l'action des chlorures tétrazoïques sur les éthers maloniques est comparable à celle de ces mêmes éthers sur les chlorures diazoïques.

Dans les deux cas, il y a élimination d'eau et formation de corps ayant la composition des hydrazones correspondantes. Comme nous l'avons vu, Richard Meyer a démontré que la réaction du chlorure de diazobenzène sur le malonate d'éthyle, engendrait certainement l'hydrazone du mésoxalate d'éthyle. Il paraît dès lors rationnel d'admettre que les produits étudiés dans ce chapitre sont de même nature, c'est à dire les dihydrazones mésoxalates.

Cette hypothèse paraît encore plus vraisemblable, quand on examine les propriétés des dérivés disodés. Ces derniers, en effet, ne réagissent ni sur les iodures alcooliques, ni sur les chlorures acides, tandis que les éthers maloniques monosubstitués, peuvent fixer un atome de sodium qu'il est ensuite facile de remplacer par un deuxième groupe alcoolique. Cette différence de propriétés s'explique, si l'atome de sodium au lieu d'être fixé au carbone central, comme dans les éthers maloniques, l'est à l'atome d'azote.

# CHAPITRE II

## Action des éthers maloniques substitués sur les chlorures diazoïques.

Nous avons vu que les éthers alcoylcyanacétiques substitués se comportaient à l'égard des chlorures diazoïques d'une façon tout à fait spéciale et que, contrairement à ce que l'on pouvait espérer, il n'y avait jamais formation d'azoïque mixte dans les conditions de l'expérience. Par contre, on observe que le groupe $CO^2R$ de ces éthers est éliminé à l'état de gaz carbonique et d'alcool.

Malgré la grande analogie de propriétés des éthers alcoylcyanacétiques avec les éthers alcoylmaloniques, on ne saurait *à priori* dire si ces derniers réagiront de la même façon sur les diazoïques.

On peut se demander, par exemple, si dans ce cas un seul groupe $CO^2R$ sera éliminé ou si tous les deux le seront.

C'est dans cet ordre d'idées que j'ai entrepris cette étude, en prenant comme éthers substitués le méthylmalonate de méthyle et l'éthylmalonate d'éthyle qui, tous les deux, peuvent facilement s'obtenir à l'état de pureté.

### Phénylhydrazone du pyruvate d'éthyle.

Phénylhydrazone. 2. propanoate d'éthyle. 1.

$$C^6H^5Az \overset{H}{-} Az = C \underset{CH^3}{\overset{CO^2C^2H^5}{}}$$

100 centimètres cubes de solution normale de chlorhydrate d'aniline à trois molécules d'acide chlorhydrique par litre maintenus à zéro, sont diazotés par addition d'un égal volume de nitrite de soude à 69 grammes par litre. Le chlorure de diazobenzène, amené en solution acétique au moyen d'un excès de dissolution d'acétate de soude, est ensuite additionné de

17 gr. 40 de méthylmalonate d'éthyle, dissous dans 150 centimètres cubes d'alcool.

Le liquide, maintenu à zéro pendant 5 à 6 heures et fréquemment agité, abandonne une huile jaune qui est enlevée par l'éther de pétrole. Après évaporation du dissolvant, celle-ci a été soumise à plusieurs essais de cristallisation par refroidissement, mais sans résultat. La purification par distillation sous pression réduite ne peut être employée, car vers 115-120° le liquide se décompose. En l'agitant, au contraire, avec une solution étendue de soude, on la voit bientôt se prendre en une masse semi fluide contenant des cristaux que l'on sépare en jetant le tout sur une plaque poreuse. La partie solide ainsi séparée, soumise à plusieurs cristallisations dans l'alcool, fournit finalement des cristaux prismatiques jaunes fondant à 117-118°, qui ont la composition du phénylhydrazone pyruvate d'éthyle, dont la production peut s'expliquer par l'équation :

$$C^6H^5Az = Az - OH + CH - CH^3 \genfrac{}{}{0pt}{}{CO^2C^2H^5}{CO^2C^2H^5} =$$

$$C^2H^5OH + C^6H^5Az \overset{H}{-} Az = C \genfrac{}{}{0pt}{}{CO^2C^2H^5}{CH^3} + CO^2$$

La nature du produit obtenu est confirmée par ce fait que la phénylhydrazone du pyruvate d'éthyle a été préparée par plusieurs auteurs, qui ont tous trouvé comme point de fusion celui que j'ai indiqué précédemment.

Fischer [1], le premier, l'a obtenue en faisant réagir la phénylhydrazine sur l'acide pyruvique et transformant ensuite l'acide phénylhydrazone-pyruvique en son éther.

Plus tard, Francis Japp et Klingemann [2] ont signalé sa production dans l'action du méthylacétylacétate d'éthyle sur le chlorure de diazobenzène.

---

[1] Fischer et Jourdan, B. D. Ch. g., t. XVI, p. 2241, ann. 1883.
[2] Francis Japp et Klingemann, B. D. Ch. g., t. XX, p. 3392, ann. 1887.

Plus récemment enfin, M. Simon (1) l'a préparée directement en faisant agir la phénylhydrazine sur le pyruvate d'éthyle. Je l'ai moi même obtenue de cette dernière façon, et j'ai pu constater qu'elle était identique, non seulement comme point de fusion mais aussi comme autres propriétés physiques, au corps résultant de l'action du chlorure de diazobenzène sur le méthyl-malonate d'éthyle.

Mais ce qui montre bien que la réaction se passe comme l'indique l'équation précédente, c'est que l'on observe pendant toute la durée de l'opération un dégagement de gaz carbonique, surtout sensible quand le liquide cesse d'être maintenu à zéro.

On constate ici, comme dans le cas des éthers alcoylcyana-cétiques, le peu de tendance du méthylmalonate d'éthyle à réagir sur le chlorure de diazobenzène pour former un azoïque mixte. Il semble que, pour qu'il y ait combinaison entre les deux corps, il soit nécessaire que le méthylmalonate d'éthyle perde le groupe $CO^2R$, laissant ainsi libre une valence qui permettra à l'azote, du reste diazoïque, de se fixer par deux liens à l'atome de carbone central ; l'atome d'hydrogène fixé à ce dernier subissant une transposition moléculaire.

Il ne peut pas être question ici de l'influence du milieu sur le sens de la réaction, car on constate qu'elle se passe de la même façon en solution alcaline. Dans ce cas, il est facile de constater la production du gaz carbonique pendant la réaction, car le liquide résiduel additionné d'acide chlorhydrique en excès, fait vivement effervescence.

Analyse.

I. 0,3421 de substance ont donné 0,2131 $H^2O$ et 0,8062 $CO^2$.

II. 0,3134 de substance ont donné 0,1966 $H^2O$ et 0,7391 $CO^2$.

III. 0,1723 de substance ont donné $20^{cc},8$ d'azote à 14° $H_b = 739,5$.

IV. 0,1815 de substance ont donné $21^{cc},4$ d'azote à 15° $H_b = 739,7$.

| | Trouvé | | | | Calculé pour $C^{11}H^{14}Az^2O^4$ |
|---|---|---|---|---|---|
| | I. | II. | III. | IV. | |
| C..... | 64,26 | 64,31 | | | 64,97 |
| H..... | 6,92 | 6,96 | | | 6,79 |
| Az.... | | | 13,78 | 13,50 | 13,59 |

(1) Simon, C. R. de l'Ac. des Sc., t. CXXXI, p. 682, ann. 1900.

### Paratoluylhydrazone du pyruvate d'éthyle.

Paratoluylhydrazone, 2, propanoate d'éthyle, 1.

$$CH^3 - C^6H^4Az \overset{H}{\underset{(1)}{\diagdown}} - Az = C \overset{CO^2C^2H^5}{\underset{CH^3}{\diagup}}$$

Bien que ce corps ait déjà été préparé comme le précédent par Japp et Klingemann, j'ai cherché à l'obtenir par l'action du chlorure de diazoparatoluyle sur le méthylmalonate d'éthyle, afin d'établir la généralité de la réaction signalée précédemment.

Il suffit, pour l'obtenir, de dissoudre 10 gr. 7 de paratoluidine dans un mélange de 50 centimètres cubes d'acide chlorhydrique dans 250 centimètres cubes d'eau, et de terminer l'opération comme précédemment. Il ne tarde pas à se séparer une huile jaune, qui se prend en masse par addition de soude étendue.

Après cristallisation dans l'alcool, on obtient de petites aiguilles jaunes ayant la composition du paratoluylhydrazone-pyruvate d'éthyle, ainsi que son point de fusion 106-107°.

**Analyse.**

I. 0,2973 de substance ont donné 0,2017 $H^2O$ et 0,7151 $CO^2$.
II. 0,5313 de substance ont donné 0,2273 $H^2O$ et 0,7973 $CO^2$.
III. 0,1813 de substance ont donné 20cc,4 d'azote à 17° $H_{22} = 743,9$.
IV. 0,1721 de substance ont donné 19cc,4 d'azote à 16° $H_{22} = 742,3$.

| | Trouvé | | | | Calculé pour $C^{12}H^{16}Az^2O^2$ |
|---|---|---|---|---|---|
| | I. | II. | III. | IV. | |
| C. ... | 65,59 | 65,60 | | | 65,45 |
| H. ... | 7,53 | 7,62 | | | 7,27 |
| Az... | | | 12,73 | 12,79 | 12,72 |

### Phénylhydrazone de l'acide butanone. 2. oïque. 1.

$$C^6H^5Az \overset{H}{\diagdown} - Az = C \overset{CO^2H}{\underset{CH^2 - CH^3}{\diagup}}$$

Les deux exemples précédents ont fait voir que, dans l'action du méthylmalonate d'éthyle sur les chlorures diazoïques, le groupe méthyle restait fixé au carbone central en même temps qu'il y avait élimination de $CO^2$ et d'alcool méthylique. Si l'éthylmalonate d'éthyle réagit de la même façon sur les diazoïques, on devra aboutir à la formation des hydrazones d'une nouvelle cétone puisque, dans ce cas, les corps formés ne différeront des précédents que par la fixation au carbone central du groupe $C^2H^5$, au lieu du radical $CH^3$.

100 centimètres cubes de solution normale de chlorhydrate d'aniline à trois molécules d'acide par litre sont diazotés comme d'habitude avec la quantité correspondante de nitrite de soude et additionnée ensuite d'acétate de soude en excès, puis de 18 gr. 80 d'éthylmalonate d'éthyle dissous dans 150 centimètres cubes d'alcool. En maintenant le mélange à zéro pendant plusieurs heures on voit se séparer une couche huileuse, peu colorée, en même temps que l'on observe, comme dans tous les cas précédents, un dégagement de gaz carbonique. Lorsque la réaction paraît achevée, la couche surnageante est enlevée au moyen de l'éther de pétrole. Après évaporation de ce dernier, le résidu est additionné de soude étendue.

Ici, on observe que l'huile se dissout en entier au bout de quelques minutes, en même temps que le mélange s'échauffe légèrement. En saturant l'alcali par un excès d'acide chlorhydrique, on détermine la formation d'un précipité jaune qui, après dessication, est purifié par cristallisations répétées dans l'alcool.

Les cristaux pulvérulents obtenus fondent à 152° et ont la composition de la phénylhydrazone de l'acide butanone. 2. oïque. 1. qui a pris naissance comme l'indique la réaction :

$$C^6H^5Az = Az - OH + C^2H^5 - CH \Big\langle {{CO^2C^2H^5} \atop {CO^2C^2H^5}} =$$

$$C^6H^5Az {\big\langle}^{H} - Az = C \Big\langle {{CO^2C^2H^5} \atop {CH^2 - CH^3}} + C^2H^5OH + CO^2$$

L'hydrazone produite étant ensuite saponifiée, par la soude étendue, fournit l'acide correspondant.

Ce corps a déjà été préparé par Francis Japp et Klingemann (1) par l'action de l'éthylacétoacétate d'éthyle sur le chlorure de diazobenzène en solution alcaline. Ces auteurs lui
attribuent le même point de fusion que celui indiqué précédemment, soit 152°.

**Analyse.**

I. 0,3149 de substance ont donné 0,1806 $H^2O$ et 0,7209 $CO^2$.
II. 0,2738 de substance ont donné 0,1591 $H^2O$ et 0,6284 $CO^2$.
III. 0,1719 de substance ont donné 24cc,7 d'azote à 12° $H_{14} = 743,3$.
IV. 0,1847 de substance ont donné 23cc,2 d'azote à 13° $H_{15} = 743,5$.

| | Trouvé | | | | Calculé pour $C^{10}H^{12}Az^2O^4$ |
|---|---|---|---|---|---|
| | I. | II. | III. | IV. | |
| C..... | 62,42 | 62,35 | | | 62,50 |
| H..... | 6,37 | 6,13 | | | 6,25 |
| Az.... | | | 14,60 | 14,49 | 14,58 |

## Orthotoluylhydrazone de l'acide butanone. 2. oïque. 1.

$$CH^3 - C^6H^4Az - Az = C \overset{H}{\underset{CH^2-CH^2}{<}} CO^2H$$
$$(1) \qquad (2)$$

Ce corps n'a été préparé que pour montrer la généralité de la
réaction. Il fond à 156°.

**Analyse.**

I. 0,3125 de substance ont donné 0,1922 et 0,7360 $CO^2$.
II. 0,1985 de substance ont donné 23cc,2 d'azote à 14° $H_{12} = 743,9$.
III. 0,1345 de substance ont donné 21cc d'azote à 15° $H_{13} = 743,8$.

| | Trouvé | | | Calculé pour $C^{11}H^{14}Az^2O^3$ |
|---|---|---|---|---|
| | I. | II. | III. | |
| C..... | 64,24 | | | 64,07 |
| H..... | 6,87 | | | 6,79 |
| Az.... | | 13,44 | 13,25 | 13,59 |

---

(1) Francis Japp et Klingemann, *B. D. Ch. G.*, t. XX, p. 2942, ann. 1887.

# TROISIÈME PARTIE

## Action de l'acétylacétone et de ses dérivés de substitution sur les chlorures diazoïques et tétrazoïques.

Les premières recherches sur l'action des chlorures diazoïques sur l'acétylacétone sont dues à Claisen et Beyer [1].

Ces auteurs, en faisant réagir le chlorure de diazobenzène, en solution alcaline sur l'acétylacétone, obtinrent un corps auquel ils donnèrent le nom de benzène-azoacétylacétone, ce qui en fait un azoïque mixte.

Cette dénomination leur parut confirmée par l'action de la phénylhydrazine sur la benzène-azoacétylacétone, qui donne naissance à du benzène-azophényl-diméthylpyrazol, où deux des atomes d'azote sont reliés par une double valence.

Plus tard, Claisen [2] montra que l'action du chlorure de diazobenzène sur la benzène-azoacétylacétone donnait de la formazylméthylcétone d'après la réaction :

$$C^6H^5Az = CH \Big\langle \begin{matrix} CO - CH^3 \\ CO - CH^3 \end{matrix} + C^6H^5Az = Az - OH =$$

$$CH^3CO^2H + \begin{matrix} C^6H^5Az = Az \\ C^6H^5AzH - Az \end{matrix} \Big\rangle C - CO - CH^3$$

qui tend, au contraire, à faire considérer ce corps comme renfermant le groupe $C^6H^5AzH - Az =$ qui en fait une hydrazone.

---

[1] CLAISEN et BEYER, *B. D. Ch. g.*, t. XXI, p. 107, ann. 1888.
[2] CLAISEN, *B. D. Ch. g.*, t. XXV, p. 746, ann. 1892.

Enfin, von Pechmann (1) reprit l'étude des corps obtenus par Claisen et Beyer et montra qu'ils étaient capables de fournir des dérivés de substitution.

Comme on le voit, les recherches de ce dernier auteur n'apportent aucun argument nouveau en faveur de l'une ou de l'autre formule.

(1) Von Pechmann, B. D. Ch. g., t. XXV, p. 3104, ann. 1892.

# CHAPITRE I<sup>er</sup>

## Action de l'acétylacétone sur les chlorures tétrazoïques.

### Diphényldihydrazone. 3. de l'acétylacétone.

Diphényldihydrazone, 3. pentane dione, 2. 4.

$$C^6H^4Az \ \overset{H}{-} Az = C \Big\langle \begin{matrix} CO-CH^3 \\ CO-CH^3 \end{matrix}$$

$$C^6H^4Az \ \overset{H}{-} Az = C \Big\langle \begin{matrix} CO-CH^3 \\ CO-CH^3 \end{matrix}$$

9 gr. 40 de benzidine dissous dans un mélange de 25 centimètres cubes d'acide chlorhydrique et 250 centimètres cubes d'eau, sont diazotés au moyen de 100 centimètres cubes de solution normale de nitrite de soude.

Dans le chlorure de tétrazodiphényle obtenu, on verse 50 grammes d'acétate de soude dissous dans 150 centimètres cubes d'eau distillée. Le chlorure tétrazoïque, amené ainsi en solution acétique, est alors additionné de 10 grammes d'acétylacétone. Le mélange, agité vivement, fournit un précipité jaune dont la formation ne cesse que quelques heures après.

Le précipité, lavé et desséché à l'étuve, se présente sous la forme d'une poudre jaune citron, insoluble dans les dissolvants usuels et soluble seulement dans l'aniline ou la nitrobenzine bouillantes.

Des solutions à 10 p. 100 dans ces liquides, il se précipite par refroidissement des petits cristaux rougeâtres, fondant à la température de 258-260° et ayant la composition centésimale de la diphényldihydrazone-acétylacétone, dont on peut expliquer la formation par la réaction suivante :

$$
\begin{array}{l}
C^6H^4Az = Az - OH \\
\quad | \qquad\qquad\qquad\qquad + 2\,CH^3 \Big\langle {}^{CO-CH^3}_{CO-CH^3} \\
C^6H^4Az = Az - OH
\end{array}
$$

$$
\begin{array}{l}
C^6H^4Az \diagup {}^{H} - Az = C \Big\langle {}^{CO-CH^3}_{CO-CH^3} \\
\quad | \qquad\qquad\qquad\qquad\qquad\qquad + 2\,H^2O \\
C^6H^4Az \diagup {}^{H} - Az = C \Big\langle {}^{CO-CH^3}_{CO-CH^3}
\end{array}
$$

Le corps ainsi obtenu est insoluble dans les solutions alcalines aqueuses ou alcooliques, mais on peut cependant en l'agitant avec de l'alcool sodé préparer un dérivé disodé.

En soumettant ce dernier à l'action de l'acide chlorhydrique étendu ou du gaz carbonique, on observe que sa décomposition est très lente et aboutit à la formation du corps fondant à 258-260°.

Les résultats sont encore les mêmes si on chauffe le corps primitif avec le chlorure d'acétyle ou l'anhydride acétique.

On peut remarquer qu'en raison de la symétrie des formules, il ne saurait exister deux isomères stéréochimiques, ce que l'expérience indique en effet.

Mais on peut tirer de là une autre conclusion et dire que les réactifs précédents sont incapables de transformer les hydrazones-acétylacétones en azoïques mixtes ou inversement.

Action des alcalis. — En faisant bouillir pendant plusieurs heures la diphényldihydrazone-acétylacétone avec de la soude, à différents degrés de concentration et allant jusqu'à 50 p. 100, on ne produit aucune décomposition du corps primitif, qui passe simplement à l'état de dérivé sodé.

Cette stabilité est d'autant plus remarquable que l'acétylacétone, en présence des alcalis concentrés, se décompose en acétate alcalin et acétone et que l'on pouvait espérer ainsi obtenir la diphényldihydrazone-aldéhyde pyruvique.

Pour arriver à décomposer ce corps par les alcalis, il faut le fondre avec de la soude et élever la température jusqu'à 180°. Après refroidissement de la masse et traitement par un excès d'acide chlorhydrique dilué, on observe que le liquide résultant contient de la benzidine précipitable par l'ammoniaque.

La diphényldihydrazone-acétylacétone ne se combine ni à chaud ni à froid avec la phénylhydrazine pour former les hydrazones plus complexes dont on pouvait prévoir la formation.

### Analyse

I. 0,2663 de substance ont donné 0,1421 $H^2O$ et 0,6322 $CO^2$.
II. 0,2733 de substance ont donné 0,1381 $H^2O$ et 0,6518 $CO^2$.
III. 0,1909 de substance ont donné $22^{cc},6$ d'azote à 14° $H_g = 745,5$.
IV. 0,2036 de substance ont donné $24^{cc},6$ d'azote à 15° $H_g = 743,4$.

|  | Trouvé | | | | Calculé pour $C^{29}H^{32}Az^4O^4$ |
|---|---|---|---|---|---|
|  | I. | II. | III. | IV. |  |
| C.... | 64,73 | 65,03 |  |  | 65,02 |
| H.... | 5,92 | 5,61 |  |  | 5,41 |
| Az... |  |  | 13,62 | 13,94 | 13,79 |

Si au lieu de faire réagir deux molécules d'acétylacétone sur le chlorure de tétrazodiphényle, on met en présence une molécule de chaque corps, même en solution acétique, les résultats sont différents.

Il se produit dans ce cas un précipité rouge brun. Malheureusement, l'insolubilité de ce corps dans les dissolvants ne m'a pas permis de le purifier suffisamment. Toutefois, après lavage avec différents dissolvants, le produit présente grossièrement la composition de la cyclodiphénylformazyl-méthylcétone.

### Diphényldihydrazone-sodée. 3. de l'acétylacétone.

Diphényldihydrazone-sodée. 3. pentane dione. 2. 4.

$$C^6H^5Az - Az = C \begin{cases} Na \\ CO - CH^3 \\ CO - CH^3 \end{cases}$$

$$C^6H^5Az - Az = C \begin{cases} Na \\ CO - CH^3 \\ CO - CH^3 \end{cases}$$

0 gr. 92 de sodium sont dissous dans 100 centimètres cubes d'alcool absolu. La solution, additionnée de 8 gr. 12 de diphé-

nyldihydrazone-acétylacétone en poudre fine, fournit après
quelques instants un corps rouge très peu soluble dans l'alcool
mais beaucoup plus dans l'acétone et la pyridine chaudes.

Ces solutions abandonnent par refroidissement des petits
cristaux rougeâtres qui constituent le dérivé disodé cherché.

#### Analyse.

1,1257 de substance ont fourni 0,3493 SO$^4$Na$^2$.
Trouvé Na 10,05 %.
Calculé pour C$^{28}$H$^{26}$Az$^4$O$^4$Na$^2$    Na = 10,22 %.

### Diphényldiméthylhydrazone. 3. de l'acétylacétone.

Diphényldiméthylhydrazone. 3. pentane dione. 2. 4.

$$C^6H^5Az \underset{\diagdown}{\overset{CH^3}{—}} Az = C \overset{CO—CH^3}{\underset{CO—CH^3}{\diagup}}$$

$$C^6H^5Az \underset{\diagdown}{\overset{CH^3}{—}} Az = C \overset{CO—CH^3}{\underset{CO—CH^3}{\diagup}}$$

La première méthode par laquelle on devait chercher à préparer ce corps était l'action de l'iodure de méthyle sur le dérivé
sodé décrit précédemment.

En opérant dans diverses conditions il ne m'a jamais été possible d'obtenir par ce procédé le dérivé diméthylé cherché. Le
résidu de l'opération est constitué en grande partie par la diphényldihydrazone. 3. de l'acétylacétone, mélangée à son dérivé
sodé.

Les résultats sont tout différents si l'on fait réagir le sulfate
de méthyle sur le dérivé sodé :

10 grammes de diphényldihydrazone-acétylacétone disodée,
séchés avec soin et finement pulvérisés, sont mélangés avec 20
grammes de sulfate de méthyle. On chauffe le mélange au bain-
marie, en ayant soin de s'arrêter dès que l'on voit la masse
commencer à brunir.

Le résidu est alors additionné de 60 grammes de toluène et
chauffé de nouveau, pour dissoudre le corps formé. Il se dépose,

par évaporation du dissolvant, une masse cristalline que l'on purifie par cristallisation dans l'alcool.

Finalement on obtient des petits cristaux rougeâtres, fondant à 168-170°, qui constituent le dérivé diméthylé cherché.

Les rendements sont, du reste, assez faibles et atteignent 20 p. 100.

### Analyse

I. 0,3257 de substance ont donné 0,1783 $H^2O$ et 0,7933 $CO^2$.

II. 0,2954 de substance ont donné 0,1633 $H^2O$ et 0,7180 $CO^2$.

III. 0,1921 de substance ont donné $22^{cc}$ d'azote à 21° $H_{tb} = 745,9$.

IV. 0,1201 de substance ont donné $13^{cc},2$ d'azote à 12° $H_{tb} = 746$.

| | Trouvé | | | | Calculé pour $C^{24}H^{26}Az^4O^4$ |
|---|---|---|---|---|---|
| | I. | II. | III. | IV. | |
| C.... | 66,52 | 66,28 | | | 66,35 |
| H.... | 6,08 | 6,15 | | | 5,99 |
| Az... | | | 12,75 | 12,78 | 12,90 |

*Détermination du poids moléculaire.*

| | |
|---|---|
| Substance.......................................... | 3,02 |
| Phénol............................................. | 53,47 |
| Abaissement du point de congélation du dissolvant. | 0,95 |
| Poids moléculaire trouvé........................... | 452 |
| Calculé pour $C^{24}H^{26}Az^4O^4$................. | 434 |

## O. Ditolyldihydrazone. 3. de l'acétylacétone.

O. Ditolyldihydrazone. 3. pentane dione, 2. 4.

$$CH^3 - C^6H^3Az \overset{H}{-} Az = C \begin{cases} CO - CH^3 \\ CO - CH^3 \end{cases}$$

$$CH^3 - C^6H^3Az \overset{H}{-} Az = C \begin{cases} CO - CH^3 \\ CO - CH^3 \end{cases}$$

La méthode suivie pour la préparation de ce corps est calquée sur celle qui a permis d'obtenir la diphényldihydrazone. 3. de l'acétylacétone. 10 gr. 20 de tolidine sont dissous dans un mélange de 25 centimètres cubes d'acide chlorhydrique et 250 centimètres cubes d'eau distillée.

Après diazotation et addition de 100 gr. d'acétate de soude dissous dans 200 centimètres cubes d'eau, on verse dans le chlorure de tétrazoditolyle ainsi amené en solution acétique, 10 gr. d'acétylacétone. Le mélange, agité vivement, se trouble et laisse déposer un précipité jaune abondant, qui est lavé et séché à l'étuve. Il est insoluble dans les dissolvants usuels et ne cristallise que de ses solutions chaudes dans l'aniline ou la nitrobenzine.

Les cristaux ainsi obtenus ont la forme de petites aiguilles rouges qui fondent à 235-236° et ont la composition de la ditolyldihydrazone, 3, de l'acétylacétone :

$$CH^3 - C^6H^3Az = Az - OH$$
$$CH^3 - C^6H^3Az = Az - OH$$
$$+ 2\ CH^3 \left\langle \begin{matrix} CO - CH^3 \\ CO - CH^3 \end{matrix} \right. =$$

$$CH^3\text{-}C^6H^3Az\ \text{-}Az = C \left\langle \begin{matrix} H & CO\text{-}CH^3 \\ & CO\text{-}CH^3 \end{matrix} \right.$$

$$+ 2H^2O$$

$$CH^3\text{-}C^6H^3Az\ \text{-}Az = C \left\langle \begin{matrix} H & CO\text{-}CH^3 \\ & CO\text{-}CH^3 \end{matrix} \right.$$

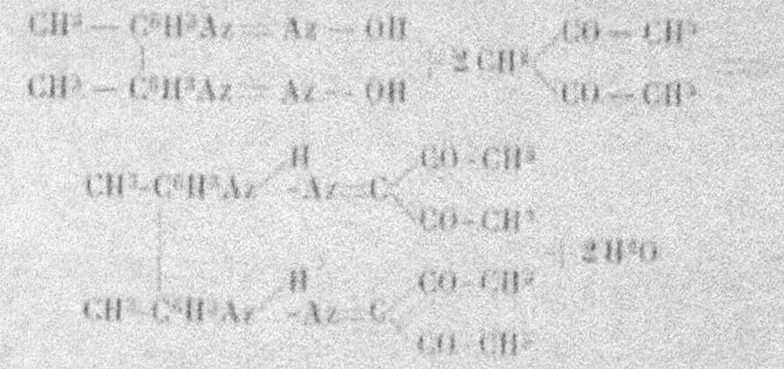

La soude concentrée, la phénylhydrazine réagissent sur ce corps comme sur la diphényldihydrazone, 3, de l'acétylacétone.

Toutes les tentatives faites dans le but de produire un deuxième isomère, par l'action du chlorure de benzoyle, de l'anhydride acétique, etc., sur le corps précédent, sont restées infructueuses.

Analyse.

I. 0,2650 de substance ont donné 0,1456 $H^2O$ et 0,6453 $CO^2$.
II. 0,2633 de substance ont donné 0,1595 $H^2O$ et 0,6406 $CO^2$.
III. 0,2010 de substance ont donné 22cc,3 d'azote à 14° $H_b = 742,6$.
IV. 0,1780 de substance ont donné 20cc,3 d'azote à 13°,5 $H_b = 742,5$.

|  | Trouvé | | | | Calculé pour $C^{30}H^{26}Az^8O^2$ |
|---|---|---|---|---|---|
|  | I. | II. | III. | IV. |  |
| C..... | 66,40 | 66,09 |  |  | 66,35 |
| H..... | 6,40 | 6,28 |  |  | 5,99 |
| Az.... |  |  | 12,72 | 13,15 | 12,90 |

## O. Ditolyldihydrazone-sodée. 3. de l'acétylacétone.

O. Ditolyldihydrazone-sodée. 3. pentane dione. 2. 4.

$$CH^3 - C^6H^3Az \underset{\displaystyle CH^3 - C^6H^3Az}{\overset{\displaystyle Na}{\vert}} - Az = C \begin{cases} CO - CH^3 \\ CO - CH^3 \end{cases}$$

$$\overset{Na}{} - Az = C \begin{cases} CO - CH^3 \\ CO - CH^3 \end{cases}$$

Ce corps se prépare en versant sur 8 gr. 68 de ditolyldihydrazone. 3. de l'acétylacétone, 0,92 de sodium dissous dans 150 centimètres cubes d'alcool absolu. La poudre rouge ainsi obtenue, lavée à l'alcool, se dissout dans l'acétone, la pyridine.

Par cristallisation, dans l'acétone, on obtient le dérivé sodé sous forme de petits cristaux rouges, lamelleux, insolubles dans l'eau et l'alcool.

Analyse.

1.2345 de substance ont donné 0,3628 de $SO^4Na^2$.
Trouvé Na = 9,52 %.
Calculé pour $C^{23}H^{24}Az^4O^4Na^2$   Na = 9,62 %.

## O. Ditolyldiméthylhydrazone. 3. de l'acétylacétone.

O. Ditolyldiméthylhydrazone. 3. pentane dione. 2. 4.

$$CH^3 - C^6H^3Az \overset{CH^3}{} - Az = C \begin{cases} CO - CH^3 \\ CO - CH^3 \end{cases}$$

$$CH^3 - C^6H^3Az \overset{CH^3}{} - Az = C \begin{cases} CO - CH^3 \\ CO - CH^3 \end{cases}$$

5 gr. de dérivé disodé sont chauffés pendant quelques instants au bain-marie, avec 10 gr. de sulfate de méthyle.

Dès que l'on voit la masse commencer à brunir, on retire le ballon du bain-marie et on refroidit sous un courant d'eau froide.

En traitant le contenu du ballon à plusieurs reprises par du chloroforme, on obtient un liquide qui, abandonné à l'évapora tion, fournit des petits cristaux rouges, soyeux, fondant à 247-248°, qui constituent le dérivé diméthylé.

**Analyse.**

I. 0,3218 de substance ont donné 0,1918 $H^2O$ et 0,7937 $CO^2$.
II. 0,2915 de substance ont donné 0,1755 $H^2O$ et 0,7208 $CO^2$.
III. 0,1731 de substance ont donné $18^{cc},5$ d'azote à $16°$ $H_{0} = 749,9$.

| | Trouvé | | | Calculé pour $C^{26}H^{30}Az^4O^4$ |
|---|---|---|---|---|
| | I. | II. | III. | |
| C...... | 67,52 | 67,65 | | 67,53 |
| H...... | 6,62 | 6,57 | | 6,59 |
| Az..... | | | 12,25 | 12,12 |

Comme pour la diphényldiméthylhydrazone, 3, de l'acétylacétone, les rendements sont faibles et atteignent seulement 15 p. 100. Le reste est constitué par de la ditolyldihydrazone, 3, de l'acétylacétone mélangée à une petite quantité de dérivé sodé, ayant échappé à la réaction.

### 0. Dianisyldihydrazone, 3, de l'acétylacétone.

0. Dianisyldihydrazone, 3, pentane diun, 2, 4.

$$CH^3O - C^6H^4Az \overset{\text{II}}{\underset{|}{\quad}} - Az = C \overset{CO - CH^3}{\underset{CO - CH^3}{\diagdown}}$$

$$CH^3O - C^6H^4Az \overset{\text{II}}{\quad} - Az = C \overset{CO - CH^3}{\underset{CO - CH^3}{\diagdown}}$$

Pour obtenir ce corps, on suit une marche semblable à celle qui a permis d'obtenir les dihydrazones de l'acétylacétone dérivées de la benzidine et de la tolidine, en ayant soin toutefois d'opérer la diazotation en présence d'une plus forte quantité d'acide chlorhydrique.

Après avoir amené le chlorure de tétrazodianisyle en solution acétique, par addition d'une quantité suffisante d'acétate de soude, on verse la quantité nécessaire d'acétylacétone, soit : deux molécules de ce corps pour une de chlorure de tétrazodianisyle.

Ici, la réaction est plus lente que dans les deux cas déjà étudiés et ne commence à se produire qu'au bout de deux heures.

Le précipité obtenu est de couleur plus foncée que celle des deux dihydrazones. 3, de l'acétylacétone déjà préparées. Il se dissout en petite quantité dans le chloroforme, mais son meilleur dissolvant est l'aniline bouillante qui l'abandonne par refroidissement sous forme de fines aiguilles d'un rouge écarlate.

Les agents d'isomérisation, chlorure de benzoyle, anhydride acétique, acide chlorhydrique et acide carbonique ne fournissent pas d'isomère, soit qu'on les fasse agir sur le produit lui-même ou sur son dérivé sodé.

Point de fusion, 234-235°.

### Analyse.

I. 0,3043 de substance ont donné 0,1358 $H^2O$ et 0,6917 $CO^4$.
II. 0,2852 de substance ont donné 0,1401 $H^2O$ et 0,6485 $CO^2$.
III. 0,1928 de substance ont donné $20^{cc},2$ d'azote à 16° $H_{16} = 751,8$.
IV. 0,1734 de substance ont donné $17^{cc},8$ d'azote à 14° $H_{17} = 749,8$.

| | Trouvé | | | | Calculé pour $C^{34}H^{36}Az^4O^2$ |
|---|---|---|---|---|---|
| | I. | II. | III. | IV. | |
| C..... | 61,98 | 62,09 | | | 61,89 |
| H..... | 4,95 | 5,45 | | | 5,57 |
| Az.... | | | 12,13 | 11,88 | 12,01 |

## O. Dianisyldihydrazone-sodée. 3, de l'acétylacétone.

O. Dianisyldihydrazone-sodée. 3, pentane diona. 2. 4.

$$CH^2O-C^9H^3Az\ \overset{Na}{-}Az=C\Big\langle\begin{array}{l}CO-CH^3\\ CO-CH^3\end{array}$$

$$CH^2O-C^9H^3Az\ \overset{Na}{-}Az=C\Big\langle\begin{array}{l}CO-CH^3\\ CO-CH^3\end{array}$$

0 gr. 92 de sodium dissous dans 150 centimètres cubes d'alcool absolu sont additionnés de 9 gr. 32 de dianisyldihydrazone. 3, de l'acétylacétone réduits en poudre fine. Après agitation de quelques minutes, le mélange est jeté sur un filtre et le précipité restant est lavé à l'alcool. La poudre rouge ainsi obtenue se dissout dans l'acétone chaude ainsi que dans la

pyridine qui l'abandonnent par refroidissement, sous forme de petites aiguilles rouges très légères.

**Analyse.**

1,3143 de substance ont donné 0,3628 de $SO^4Na^2$.
Trouvé Na = 8,93 %
Calculé pour $C^{24}H^{23}Az^4O^6Na^2$   Na = 9,01 %

## 9. Dianisyldiméthylhydrazone. 3. de l'acétylacétone.

9. Dianisyldiméthylhydrazone. 3. pentane dione. 2. 4.

$$CH^3O - C^6H^2Az \underset{CH^3}{} - Az - C \Big\langle \begin{matrix} CO - CH^3 \\ CO - CH^2 \end{matrix}$$

$$CH^3O - C^6H^2Az \underset{CH^3}{} - Az - C \Big\langle \begin{matrix} CO - CH^2 \\ CO - CH^3 \end{matrix}$$

Comme les dihydrazones sodées. 3. dérivées de l'acétylacétone déjà décrites, la dianisyldihydrazone. 3. de l'acétylacétone disodé ne réagit pas sur les iodures alcooliques d'une façon normale.

5 gr. de dérivé sodé, soigneusement desséchés et additionnés de 10 gr. de sulfate de méthyle, sont chauffés pendant quelques instants au bain-marie, en cessant dès que le mélange commence à brunir.

En épuisant le résidu par le chloroforme, on obtient une solution rouge qui, par évaporation, abandonne des petites aiguilles rouges fondant à 247-248°.

**Analyse.**

I. 0,2741 de substance ont donné 0,1539 $H^2O$ et 0,6309 $CO^2$.
II. 0,3193 de substance ont donné 0,1733 $H^2O$ et 0,7369 $CO^2$.
III. 0,1832 de substance ont donné $18^{cc},6$ d'azote à 22° $H_g$ = 745,6.
IV. 0,1682 de substance ont donné $17^c,2$ d'azote à 19° $H_g$ = 747,2.

| | Trouvé | | | | Calculé pour $C^{36}H^{30}Az^4O^6$ |
|---|---|---|---|---|---|
| | I. | II. | III. | IV. | |
| C.... | 62,97 | 62,93 | | | 63,15 |
| H.... | 6,23 | 6,02 | | | 5,07 |
| Az... | | | 11,28 | 11,44 | 11,32 |

# CHAPITRE II

## Action des alcoylacétylacétones sur les chlorures diazoïques et tétrazoïques.

La façon dont l'acétylacétone se comporte vis-à-vis des chlorures diazoïques et bisdiazoïques permet déjà de penser que les corps obtenus dans ces réactions sont bien des hydrazones. Pour fournir un argument de plus en faveur de cette constitution, il fallait savoir comment les dérivés de substitution de l'acétylacétone et, en particulier, les dérivés alcoylés réagiraient sur les chlorures diazoïques et tétrazoïques, en ayant soin d'effectuer la réaction dans les mêmes conditions que précédemment, c'est-à-dire en liqueur acétique.

Si, en effet, les corps décrits par Claisen et Beyer et ceux étudiés dans le chapitre précédent, étaient des azoïques mixtes, on devrait obtenir leurs dérivés de substitution en faisant réagir les alcoylacétylacétones sur les chlorures diazoïques. Nous allons voir qu'il n'en est pas ainsi et qu'il est dès lors rationnel d'attribuer à ces produits des formules qui les représentent comme des hydrazones.

Ces essais ont été effectués avec la méthylacétylacétone et l'éthylacétylacétone.

La première passe presque en entier à la distillation entre 160 et 164° et la seconde entre 170-177°. Ces corps sont donc sensiblement purs.

### Monophénylhydrazone du diacétyle.

Monophénylhydrazone de la butane dione, 2, 3.

$$C^6H^5Az \overset{H}{-} Az = C \begin{matrix} CO - CH^3 \\ CH^3 \end{matrix}$$

100 centimètres cubes de solution normale d'aniline à 3 molécules d'acide chlorhydrique par litre sont diazotés par addition

goutte à goutte, d'un égal volume de solution de nitrite de soude à une molécule par litre. Le liquide, maintenu à zéro pendant toute la durée de l'opération, est alors additionné de 50 grammes d'acétate de soude, dissous dans 200 centimètres cubes d'eau, puis ensuite de 11 gr. 40 de méthylacétylacétone.

Le liquide, d'abord clair, ne tarde pas à se troubler et à laisser déposer une huile qui se prend en cristaux au sein même du liquide. Il ne reste plus qu'à jeter le précipité sur une plaque poreuse et à purifier par cristallisation dans l'alcool.

On obtient ainsi des petits cristaux jaunes fondant à la température de 134°, et ayant la composition de la monophényl-hydrazone du diacétyle dont l'équation suivante fait comprendre la formation :

$$C^6H^5Az - Az - OH + CH \big\langle \begin{array}{l} CO - CH^3 \\ CO - CH^3 \end{array} =$$

$$CH^3CO^2H + C^6H^5Az - Az - C \Big\langle \begin{array}{l} H \\ \end{array} \Big\langle \begin{array}{l} CO - CH^3 \\ CH^3 \end{array}$$

Ce corps a déjà été préparé par plusieurs auteurs : d'abord par von Pechmann [1], par l'action de la phénylhydrazine sur le diacétyle, et ensuite par Japp et Klingemann [2], en faisant réagir le méthylacétylacétate d'éthyle sur le chlorure de diazobenzène en solution alcaline.

Le point de fusion trouvé par ces auteurs est précisément 134°, et met ainsi hors de doute la constitution du produit obtenu dans la réaction précédente.

Ce qu'il y a de particulièrement remarquable, c'est que l'élimination du groupe acétyle, à l'état d'acide acétique, se fait en liqueur acide. Il semble que tout se passe comme si la méthylacétylacétone et le chlorure de diazobenzène étaient incapables de réagir l'un sur l'autre pour donner un azoïque mixte, avec élimination d'une molécule d'eau.

[1] Von Pechmann, B. D. Ch. g., t. XX, p. 2684, ann. 1887.
[2] Japp et Klingemann, B. D. Ch. g., t. XXI, p. 549, ann. 1888.

En admettant même qu'il y ait production préalable d'azoïque mixte, on pourrait expliquer la formation de l'hydrazone du diacétyle par la réaction suivante :

$$C^6H^5Az = Az - C - CH^2 \underset{CO - CH^3}{\overset{CO - CH^3}{\Big\langle}} + H^2O =$$

$$CH^3COOH + C^6H^5Az \overset{H}{-} Az - C \underset{CH^3}{\overset{CO - CH^3}{\Big\langle}}$$

Cela n'en montrerait pas moins le peu de stabilité de ces azoïques mixtes, puisqu'il suffirait du contact de l'eau pour les décomposer.

Du reste, on obtient une réaction tout à fait semblable si, au lieu d'opérer en solution acétique la combinaison du chlorure de diazobenzène avec la méthylacétylacétone, on l'effectue en liqueur alcaline. Dans ce dernier cas, l'élimination du groupe acétyle à l'état d'acétate alcalin semble *à priori* assez naturelle. Cependant, si l'on tient compte de ce que l'acétylacétone aussi bien que la méthylacétylacétone ne sont décomposées par les solutions concentrées de potasse ou de soude qu'à chaud, on voit qu'on ne peut attribuer cette réaction à une décomposition préalable de la méthylacétylacétone par les alcalis, mais bien à l'instabilité de l'azoïque mixte susceptible de se former.

### Analyse.

I. 0,3487 de substance ont donné 0,2188 $H^2O$ et 0,8722 $CO^2$.

II. 0,2499 de substance ont donné 0,1521 $H^2O$ et 0,5985 $CO^2$

III. 0,2697 de substance ont donné 35cc,4 d'azote à 14° $H_g = 748,6$.

IV. 0,1888 de substance ont donné 26cc d'azote à 14° $H_g = 748,4$.

| | Trouvé | | | | Calculé pour $C^{10}H^{12}Az^2O$ |
|---|---|---|---|---|---|
| | I. | II. | III. | IV. | |
| C.... | 68,21 | 68,00 | | | 68,18 |
| H.... | 6,97 | 7,04 | | | 6,81 |
| Az... | | | 15,69 | 15,94 | 15,90 |

## Monoparatoluylhydrazone du diacétyle.

Monoparatoluylhydrazone de la butane dione, 2, 3.

$$CH^3C^6H^4Az \underset{(1)}{\phantom{x}} \overset{H}{\underset{(2)}{\phantom{x}}} - Az = C \underset{CH^3}{\overset{CO - CH^3}{\phantom{x}}}$$

Afin de généraliser l'action de la méthylacétylacétone sur les chlorures diazoïques, j'ai recommencé l'opération précédente, en substituant au chlorure de diazobenzène une quantité équimoléculaire de diazoparatoluyle. Comme on devait s'y attendre, les résultats ont été tout à fait comparables aux précédents. Après addition au chlorure diazoïque d'acétate de soude en excès, de méthylacétylacétone en quantité équimoléculaire, on observe, comme précédemment, la formation d'un précipité cristallin au bout de 24 heures.

Après purification par dissolution dans l'alcool et cristallisation, on obtient de petits cristaux jaunâtres fusibles à 119-120°.

Pas plus que la phénylhydrazone du diacétyle, elle n'est susceptible de se transformer en un isomère par l'action du chlorure benzoyle, anhydride acétique et d'une façon générale des agents d'isomérisation.

### Analyse.

I. 0,2957 de substance ont donné 0,1968 $H^2O$ et 0,7519 $CO^2$;
II. 0,3254 de substance ont donné 0,2179 $H^2O$ et 0,8309 $CO^2$.
III. 0,1786 de substance ont donné 22$^{cc}$,9 d'azote à 15° $H_{bar} = 749,8$.
IV. 0,1658 de substance ont donné 21$^{cc}$ d'azote à 15° $H_{bar} = 759,6$.

| | Trouvé | | | | Calculé pour $C^{11}H^{14}Az^2O$ |
|---|---|---|---|---|---|
| | I. | II. | III. | IV. | |
| C.... | 69,35 | 69,63 | | | 69,47 |
| H.... | 7,39 | 7,43 | | | 7,36 |
| Az... | | | 14,84 | 14,66 | 14,73 |

## Monoorthotoluylhydrazone du diacétyle.

Monoorthotoluylhydrazone de la butane dione. 2. 3.

$$CH^3C^6H^4Az\overset{H}{\diagup} - Az = C\diagup\overset{CO - CH^3}{\diagdown CH^3}$$
$$(1)\qquad(2)$$

Ce corps se prépare comme le précédent, en faisant réagir 11 gr. 40 de méthylacétylacétone en solution acétique sur un dixième de molécule de chlorure de diazoorthotoluyle.

Après cristallisation, le corps se présente sous la forme de cristaux d'un jaune très clair fondant à 130-131°.

Analyse.

I. 0,3179 de substance ont donné 0,2152 $H^2O$ et 0,8111 $CO^2$.
II. 0,1949 de substance ont donné 24,7 d'azote à 15° $H_{12} = 741,8$.

|  | Trouvé | | Calculé pour $C^{11}H^{14}Az^2O$ |
|---|---|---|---|
|  | I. | II. |  |
| C............. | 69,57 | | 69,47 |
| H............. | 7,52 | | 7,36 |
| Az............. | | 14,54 | 14,73 |

## Diphényldihydrazone. 3. du diacétyle.

Diphényldihydrazone. 3. butanone. 2.

$$C^6H^4Az\overset{H}{\diagup} - Az = C\diagup\overset{CO - CH^3}{\diagdown CH^3}$$
$$|$$
$$C^6H^4Az\overset{H}{\diagup} - Az = C\diagup\overset{CO - CH^3}{\diagdown CH^3}$$

Il était intéressant de savoir si la réaction de la méthylacétyl-acétone, qui réussit si bien avec les chlorures diazoïques, se produirait avec les chlorures tétrazoïques.

9 gr. 40 de benzidine sont dissous dans 25 centimètres cubes d'acide chlorhydrique et 500 centimètres cubes d'eau distillée. Après refroidissement, le chlorhydrate de benzidine est diazoté par addition de 100 centimètres cubes de solution normale de

nitrite de soude, en ayant soin de maintenir le liquide acide constamment à zéro. Le chlorure de tétrazodiphényle, amené en solution acétique, est alors versé peu à peu dans une solution alcoolique de méthylacétylacétone maintenue à zéro.

Le liquide devient laiteux et laisse déposer, au bout de plusieurs heures, un précipité rougeâtre très impur.

En faisant cristalliser plusieurs fois dans la nitrobenzine bouillante ou dans l'aniline, on obtient des petits cristaux rougeâtres fondant à 283-284° et qui présentent bien la composition de la diphényldihydrazone. 3. du diacétyle, dont la formation s'explique par la réaction :

$$
\begin{array}{l}
\mathrm{C^6H^4Az = Az - OH} \\
\quad | \qquad\qquad\qquad + 2\,\mathrm{CH - CH^3} \;\genfrac{}{}{0pt}{}{\mathrm{CO - CH^3}}{\mathrm{CO - CH^3}} \\
\mathrm{C^6H^4Az = Az - OH}
\end{array}
$$

$$
2\,\mathrm{CH^3CO^2H} +
\left[
\begin{array}{l}
\mathrm{C^6H^4Az} \;\diagup\; \genfrac{}{}{0pt}{}{\mathrm{H}}{} - \mathrm{Az = C} \genfrac{}{}{0pt}{}{\mathrm{CO - CH^3}}{\mathrm{CH^3}} \\[2ex]
\mathrm{C^6H^4Az} \;\diagup\; \genfrac{}{}{0pt}{}{\mathrm{H}}{} - \mathrm{Az = C} \genfrac{}{}{0pt}{}{\mathrm{CO - CH^3}}{\mathrm{CH^3}}
\end{array}
\right.
$$

Ici, le mode opératoire n'est pas indifférent, car si l'on verse la méthylacétylacétone dans le chlorure tétrazoïque dissous dans l'eau acidulée par l'acide acétique, on obtient des précipités très colorés, qui sont probablement des dérivés cycloformazyliques, qu'il est impossible d'obtenir à l'état de pureté, vu leur insolubilité dans les dissolvants généraux.

**Analyse.**

I. 0,2600 de substance ont donné 0,1445 $H^2O$ et 0,6513 $CO^2$.
II. 0,3281 de substance ont donné 0,1870 $H^2O$ et 0,8239 $CO^2$.
III. 0,1720 de substance ont donné 24cc,4 d'azote à 23° Hg = 749,6.
IV. 0,1872 de substance ont donné 26cc,6 d'azote à 21° Hg = 749,3.

| | Trouvé | | | | Calculé pour $C^{16}H^{20}O^2Az^8$ |
|---|---|---|---|---|---|
| | I. | II. | III. | IV. | |
| C..... | 68,31 | 68,51 | | | 68,57 |
| H..... | 6,17 | 6,32 | | | 6,28 |
| Az.... | | | 15,70 | 15,89 | 16,00 |

## O. Ditolyldihydrazone. 3. du diacétyle.

O. Ditolyldihydrazone. 3. butanone. 2.

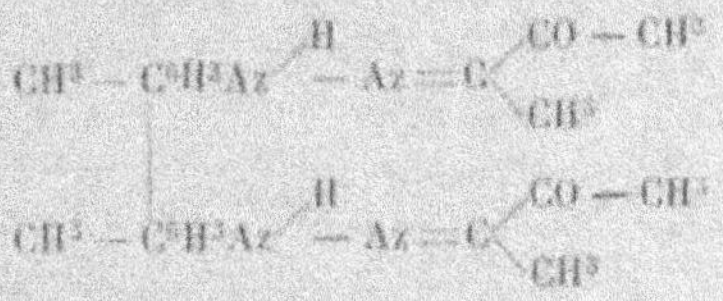

$$CH^3 - C^6H^3Az \underset{\underset{CH^3 - C^6H^3Az \overset{H}{-} Az = C \big\langle \substack{CO - CH^3 \\ CH^3}}{\big|}}{\overset{H}{-} Az = C \big\langle \substack{CO - CH^3 \\ CH^3}}$$

Ce corps se prépare comme la dihydrazone précédente, en remplaçant simplement 9 gr. 40 de benzidine par 11 gr. 60 de tolidine.

Le précipité rouge brun obtenu, après lavage et dessication, est très impur et ne s'obtient cristallisé qu'après plusieurs dissolutions dans l'aniline bouillante et reprise du précipité par le même dissolvant chaud. Il se présente sous la forme d'aiguilles rouges écarlates, fondant à la température de 275-277°.

Sa production s'explique par l'action de deux molécules de méthylacétylacétone, sur une molécule de chlorure de tétrazoditolyle, avec élimination d'acide acétique.

### Analyse.

I. 0,2834 de substance ont donné 0,1791 $H^2O$ et 0,7272 $CO^2$.
II. 0,2748 de substance ont donné 0,1844 $H^2O$ et 0,7560 $CO^2$.
III. 0,1831 de substance ont donné 23$^{cc}$,9 d'azote à 19° $H_g = 748,2$.
IV. 0,1647 de substance ont donné 21$^{cc}$,3 d'azote à 18° $H_g = 748,4$.

|  | Trouvé | | | | Calculé pour $C^{30}H^{36}Az^4O^2$ |
|---|---|---|---|---|---|
|  | I. | II. | III. | IV. |  |
| C..... | 69,97 | 69,93 |  |  | 69,84 |
| H..... | 7,02 | 6,94 |  |  | 6,87 |
| Az.... |  |  | 14,71 | 14,65 | 14,81 |

## Monophénylhydrazone du propionylacétyle.

Monophénylhydrazone de la pentane dione, 2, 3.

$$C^6H^5Az^2 \underset{Az}{\overset{H}{\diagdown}} C \underset{CH^2 - CH^3}{\overset{CO - CH^3}{\diagup}}$$

Tous les exemples précédents ont montré que, dans la réaction de la méthylacétylacétone sur les différents chlorures diazoïques, le groupe méthyle fixé au carbone central de l'acétylacétone restait fixé à ce dernier, en même temps qu'il y avait élimination d'une molécule d'acide acétique.

Si l'éthylacétylacétone réagit de la même façon sur les diazoïques, le corps résultant sera l'hydrazone d'une nouvelle dicétone, le propionylacétyle.

100 centimètres cubes de chlorhydrate d'aniline normal sont diazotés par la méthode habituelle, additionnés ensuite d'acétate de soude en excès, puis d'éthylacétylacétone. Quelques heures après, on constate que le fond du vase à précipité est recouvert d'un liquide huileux qui, séparé du reste du liquide, se prend en masse cristalline au bout de peu de temps.

Après dissolution dans l'alcool et cristallisation, on obtient des cristaux de couleur jaune, fondant à 117°, et qui ont la composition du corps cherché.

$$C^6H^5Az - Az - OH + \overset{CO - CH^3}{\underset{CO - CH^3}{CH - CH^2 - CH^3}} =$$

$$C^6H^5Az^2 \underset{Az}{\overset{H}{\diagdown}} C \underset{CH^2 - CH^3}{\overset{CO - CH^3}{\diagup}} + CH^3CO - OH$$

Ce corps a déjà été préparé par Japp et Klingemann (1), en partant de l'éthylacétoacétate d'éthyle et du chlorure de diazo-

(1) Francis Japp et Klingemann, B. D. Ch. g., t. XXI, p. 549, ann. 1888.

benzène, et le point de fusion trouvé par cet auteur est bien 117°. En faisant réagir la phénylhydrazine sur ce corps, le même auteur a obtenu une dihydrazone identique à celle que l'on peut isoler, en partant directement du propionylacétyle et de la phénylhydrazine.

Cette dernière réaction établit donc la constitution du produit fondant à 117° et, par suite, de celui que j'ai préparé par une voie différente.

Ainsi l'éthylacétylacétone réagit sur le chlorure de diazobenzène comme le dérivé méthylé de l'acétylacétone et ne paraît pas avoir plus de tendance à former un azoïque mixte, puisque l'élimination du groupe acétyle se fait en solution acétique.

### Analyse.

I. 0,2631 de substance ont donné 0,1791 $H^2O$ et 0,6702 $CO^2$.
II. 0,2599 de substance ont donné 0,1684 $H^2O$ et 0,6401 $CO^2$.
III. 0,1682 de substance ont donné $21^{cc},6$ d'azote à $15°$ $H_d = 749,5$.
IV. 0,1702 de substance ont donné $21^{cc},5$ d'azote à $14°$ $H_d = 748,5$.

|  | Trouvé | | | | Calculé pour $C^{11}H^{14}Az^2O$ |
|---|---|---|---|---|---|
|  | I. | II. | III. | IV. |  |
| C.... | 69,46 | 69,57 | | | 69,47 |
| H.... | 7,56 | 7,45 | | | 7,36 |
| Az... | | | 14,87 | 14,62 | 14,73 |

## Monoparatoluylhydrazone. 3. du propionylacétyle.

Monoparatoluylhydrazone, 3. de la pentane dione. 2. 3.

$$CH^3 - C^6H^4Az \stackrel{H}{-} Az - C \genfrac{}{}{0pt}{}{CO - CH^3}{CH^2 - CH^3}$$
(1)      (4)

Elle s'obtient sans difficulté comme le corps précédent, en faisant réagir en solution acétique une molécule de chlorure de diazoparatoluyle sur une molécule d'éthylacétylacétone. La seule différence consiste en ce que la réaction est un peu plus lente, la solidification de l'huile ne se produisant qu'au bout de deux ou trois jours. Par contre, si on l'agite avec de la soude étendue, elle se prend immédiatement en masse. Il suffit alors de dissoudre dans l'alcool et de faire cristalliser pour obtenir des petits cristaux de couleur orangée, fondant à 137-138°.

#### Analyse.

I. 0,3457 de substance ont donné 0,2502 $H^2O$ et 0,8959 $CO^2$.
II. 0,2984 de substance ont donné 0,2127 $H^2O$ et 0,7739 $CO^2$.
III. 0,1955 de substance ont donné 23$^{cc}$,6 d'azote à 14° $H_{77} = 739,3$.

| | Trouvé | | | Calculé pour $C^{12}H^{16}Az^2O$ |
|---|---|---|---|---|
| | I. | II. | III. | |
| C..... | 70,67 | 70,72 | | 70,58 |
| H..... | 8,04 | 7,91 | | 7,84 |
| Az..... | | | 13,85 | 13,72 |

## Monoorthotoluylhydrazone. 3. du propionylacétyle.

Monoorthotoluylhydrazone. 3. de la pentane dione. 2. 3.

$$CH^3 - \underset{(2)}{C^6H^4Az} \overset{H}{\phantom{-}} - Az = C \begin{cases} CO - CH^3 \\ CH^2 - CH^3 \end{cases}$$

La préparation de ce corps n'offre rien de particulier. Après cristallisation dans l'alcool, on recueille des petits cristaux de couleur jaune pâle, fondant à 106-107°.

#### Analyse

I. 0,2574 de substance ont donné 0,1835 $H^2O$ et 0,6651 $CO^2$.
II. 0,2044 de substance ont donné 24$^{cc}$,3 d'azote à 12° $H_{49} = 730,2$.

| | Trouvé | | Calculé pour $C^{12}H^{16}Az^2O$ |
|---|---|---|---|
| | I. | II. | |
| C..... | 70,56 | | 70,58 |
| H..... | 7,92 | | 7,84 |
| Az..... | | 13,71 | 13,72 |

## Diphényldihydrazone. 3. du propionylacétyle.

Diphényldihydrazone, 3. de la pentane dione, 2, 3.

$$C^6H^4Az \overset{H}{-} Az = C \big\langle {}^{CO-CH^3}_{CH^2-CH^3}$$
$$C^6H^4Az \overset{H}{-} Az = C \big\langle {}^{CO-CH^3}_{CH^2-CH^3}$$

9 gr. 20 de benzidine sont dissous dans 50 centimètres cubes
d'acide chlorhydrique et 500 centimètres cubes d'eau. Après
diazotation et addition à la solution de chlorure de tétrazodiphényle d'acétate de soude en excès, on verse cette dernière
dans 6 gr. 45 d'éthylacétylacétone dissoute dans 200 centimètres cubes d'alcool. Le liquide, maintenu à zéro, devient laiteux
et laisse, au bout de quelques heures, déposer un précipité
rouge, semi-liquide, qui se prend en masse peu de temps après.
Après plusieurs cristallisations dans la nitrobenzine ou l'aniline,
on finit par obtenir des cristaux de couleur rouge, fondant à
292-294°, insolubles dans tous les dissolvants usuels.

### Analyse.

I. 0,2498 de substance ont donné 0,1534 H$^2$O et 0,6236 CO$^2$.
II. 0,2998 de substance ont donné 0,1881 H$^2$O et 0,7690 CO$^2$.
III. 0,1741 de substance ont donné 22$^{cc}$,2 d'azote à 15° H$_0$ = 753,4.
IV. 0,1802 de substance ont donné 22$^{cc}$,8 d'azote à 15° H$_0$ = 752,3.

| | Trouvé | | | | Calculé pour C$^{24}$H$^{26}$Az$^4$O$^2$ |
|---|---|---|---|---|---|
| | I. | II. | III. | IV. | |
| C.... | 69,75 | 69,94 | | | 69,84 |
| H.... | 6,99 | 6,97 | | | 6,87 |
| Az... | | | 14,77 | 14,63 | 14,81 |

# CONCLUSIONS

1° Les chlorures tétrazoïques, mis en présence des éthers cyanacétiques, donnent des corps ayant la composition des dihydrazones des éthers cyanoxaliques.

2° Les produits engendrés dans cette réaction se présentent sous deux formes isomères : l'une stable, l'autre instable.

Les dérivés z, obtenus par l'action du cyanacétate d'éthyle sur les chlorures tétrazoïques, sont instables, tandis que les modifications z résultant de l'action du cyanacétate de méthyle, sur ces mêmes chlorures tétrazoïques sont stables.

3° Ces corps fournissent des dérivés de substitution sodés, alcoylés et acidylés.

4° L'un de ces corps désigné sous le nom de diphényldiméthylhydrazone-cyanacétate d'éthyle chauffé avec de l'acide chlorhydrique a donné une base isomérique avec la diméthylbenzidine symétrique : la tolidine ortho.

5° Les éthers acidylcyanacétiques réagissent sur les chlorures diazoïques ou tétrazoïques, avec perte du radical acide substitué et formation des mêmes corps que ceux obtenus en remplaçant ces dérivés acidylés par du cyanacétate d'éthyle.

Cette réaction qui s'accomplit, même en solution acétique, montre l'impossibilité de la formation des azoïques mixtes de ce type dans les conditions de l'expérience.

6° Les éthers alcoylcyanacétiques, mis en présence des chlorures diazoïques, ne donnent pas les azoïques mixtes dont on était en droit d'attendre la formation. Dans ce cas, l'éther alcoylcyanacétique est décomposé avec mise en liberté de $CO_2$, d'alcool et formation d'hydrazones nitriles.

Cette réaction m'a permis d'obtenir les hydrazones du cyanure d'acétyle et les hydrazones du cyanure de propionyle.

7° Les éthers maloniques, mis en présence des chlorures tétrazoïques, en solution acétique, fournissent des corps ayant la composition des dihydrazones des éthers mésoxaliques.

8° Ces corps donnent des dérivés sodés qui ne réagissent pas normalement sur les iodures alcooliques ou les chlorures acides.

Cette propriété semble indiquer que, dans ces dérivés disodés, le sodium n'est pas fixé à l'atome de carbone comme dans les dérivés sodés des éthers maloniques substitués, mais bien à l'atome d'azote.

9° Les produits obtenus par l'action des chlorures tétrazoïques sur les éthers maloniques peuvent être saponifiés par la soude alcoolique.

Les acides résultant de cette saponification perdent de l'acide carbonique sous l'influence de la chaleur et se rapprochent par cette propriété des acides acétylacétiques substitués.

10° Les éthers alcoylmaloniques, mis en présence des chlorures diazoïques, subissent une décomposition ayant pour résultat la mise en liberté d'alcool, de gaz carbonique et la formation des hydrazones du pyruvate d'éthyle ou du butanoate d'éthyle. 1. cétone. 2.

11° L'acétylacétone réagit sur les chlorures tétrazoïques, avec formation de corps ayant la composition des dihydrazones de l'acétylacétone ou dihydrazones. 3. pentane dione. 2. 4.

12° Ces produits fournissent des dérivés sodés au moyen desquels on peut obtenir des dérivés alcoylés de substitution.

13° Les alcoylacétylacétones, mises en présence des chlorures diazoïques ou tétrazoïques, perdent un groupe acétyle à l'état d'acide acétique, en même temps qu'il y a formation des monohydrazones de la butane dione 2. 3. ou de la pentane dione. 2. 3.

14° Cette réaction, qui s'accomplit en solution acétique, montre l'impossibilité de la formation des azoïques mixtes dérivés des alcoylacétylacétones dans les conditions de l'expérience.

En résumé, les éthers cyanacétiques, maloniques, l'acétylacétone, ainsi que les dérivés de substitution de ces trois corps se comportent de la même façon vis-à-vis des chlorures diazoïques ou tétrazoïques.

En particulier, jamais les dérivés de substitution alcoylés de ces trois corps ne se combinent directement avec les chlorures diazoïques. Il y a toujours perte du groupe $CO^2R$ ou du groupe acétyle (dans les alcoylacétylacétones), en même temps que formation d'une hydrazone.

Dès lors, il faut conclure que dans les circonstances où j'ai opéré, les azoïques mixtes, correspondants à ces trois corps, ne sauraient prendre naissance et que, par suite, tous les produits décrits dans ce travail sont des hydrazones.

Vu et Approuvé :

Paris, le 20 juillet 1901.

*Le Doyen de la Faculté des Sciences*

**G. DARBOUX.**

Vu et permis d'imprimer :

Paris, le 20 juillet 1901.

*Le Vice-Recteur de l'Académie de Paris,*

**GRÉARD.**

9 782329 245584